U0193671

中·华·冰·雪·文·化·图·典·

牦 牛

吴雨初 著

學苑出版社

图书在版编目（CIP）数据

牦牛 / 吴雨初著 . —北京：学苑出版社，2024.1
（中华冰雪文化图典 / 张小军主编）
ISBN 978-7-5077-6454-3

Ⅰ . ①牦⋯ Ⅱ . ①吴⋯ Ⅲ . ①青藏高原—牦牛—图集
Ⅳ . ① S823.8-64

中国版本图书馆 CIP 数据核字（2022）第 120867 号

出 版 人：洪文雄
责任编辑：杨　雷　张敏娜
编　　辑：李熙辰　李欣霖
出版发行：学苑出版社
社　　址：北京市丰台区南方庄 2 号院 1 号楼
邮政编码：100079
网　　址：www.book001.com
电子邮箱：xueyuanpress@163.com
联系电话：010-67601101（营销部）、010-67603091（总编室）
印 刷 厂：中煤（北京）印务有限公司
开本尺寸：889 mm × 1194 mm　　1/16
印　　张：9.75
字　　数：132 千字
版　　次：2024 年 1 月第 1 版
印　　次：2024 年 1 月第 1 次印刷
定　　价：98.00 元

《中华冰雪文化图典》编委会

人类的冰雪纪年与文化之道（代序）

人类在漫长的地球演化史上一直与冰雪世界为伍，创造了灿烂的冰雪文化。在新仙女木时期（Younger Dryas）结束的1.15万年前，气候明显回暖，欧亚大陆北方人口在东西方向和南北方向形成较大规模的迁徙。从地质年代上，可以说1.1万年前的全新世（Holocene）开启了一个气候较暖的冰雪纪年。然而，随着工业革命以来人类对自然环境的破坏，“人类世（The Anthropocene）”概念惨然出现，带来了又一个新的冰雪纪年——气候急剧变暖、冰雪世界面临崩陷。人类世的冰雪纪年与人类活动密切相关，英国科学家通过调查北极地区海冰融化的过程，预测北极海冰可能面临比以前想象更严峻的损失，最早在2035年将迎来无冰之夏。197个国家于2015年通过了《巴黎协定》，目标是将21世纪全球气温升幅限制在2℃以内。冰雪世界退化是人类的巨大灾难，包括大片土地和城市被淹没，瘟疫、污染等灾害大量出现，粮食危机和土壤退化带来生灵涂炭。因此，维护世界的冰雪生态，保护人类的冰雪家园，正在成为全世界的共识。

中华大地拥有世界上最为丰富的冰雪地理形态分布，中华冰雪文化承载了几千年来博大精深的优秀传统文化，蕴含着人类冰雪文化基因图谱。在人类辉煌的冰雪文明中，中华冰雪文化是生态和谐的典范。文化生态文明的核心价值是人类与自然之间的文化多样性共生、文化尊重与包容。探讨中华冰雪文化的思想精髓和人文精神，乃是冰雪文化研究的宗旨与追求。《中华冰雪文化图典》是第一次系统研究中华冰雪文化的成果，分为中华冰雪历史文化、雪域生态文化和冰雪动植物文化三个主题共15本著作。

一

中华冰雪历史文化包括古代北方的冰雪文化、明清时期的冰雪文化、民国时期的冰雪文化、冰雪体育文化和中华冰雪诗画。

古代北方冰雪文化的有据可考时在旧石器时代晚期到新石器时代前期。在贝加尔湖到阿尔泰山的欧亚大陆地区，曾发现多处描绘冰雪狩猎的岩画。在青藏地区以及长白山和松花江流域等东北亚地区，也发现了许多这个时期表现自然崇拜和动植物生产的岩画。考古学家曾在阿勒泰市发现了一幅约1万年前的滑雪岩画，表明阿勒泰地区是古代欧亚大陆冰雪文化的重要起源地之一。关于古代冰雪狩猎文化，《山海经·海内经》早有记载，且见于《史记》《三国志》《北史》《通典》《隋书》《元一统志》等许多古籍。古代游牧冰雪文化在新疆的阿尔泰山、天山、喀喇昆仑山三大山脉和准噶尔、塔里木两大盆地尤为灿烂。丰富的冰雪融水和山地植被垂直带形成了可供四季游牧的山地牧场，孕育了包括喀什、和田、楼兰、龟兹等20多个绿洲。古代冰雪文化特有的地缘文明还形成了丝绸之路和多民族交流的东西和南北通道。

明清时期冰雪文化的特点之一是国家的冰雪文化活动，特别是宫廷冰嬉，逐渐发展为国家盛典。乾隆曾作《后哨鹿赋》，认为冰嬉、哨鹿和庆隆舞三者“皆国家旧俗遗风，可以垂示万世”。冰嬉规制进入“礼典”则说明其在礼乐制度中占有重要位置。乾隆还专为冰嬉盛典创作了《御制冰嬉赋》，将冰嬉归为“国俗大观”，命宫廷画师将冰嬉盛典绘成《冰嬉图》长卷。面对康乾盛世后期的帝国衰落，如何应对西方冲击，重振国运，成为国俗运动的动力。然而，随着国运日衰，冰嬉盛典终在光绪年间寿终正寝，飞驰的冰刀最终无法挽救停滞的帝国。

民国时期的冰雪文化发生在中国社会的巨大转型之下，尤其体现在近代民族主义、大众文化、妇女解放和日常生活之中。一些文章中透出滑冰乃“国俗”“国粹”之民族优越感，另一类滑冰的民族主义叙事便是“为国溜冰！溜冰抗日！”使我们看到冰雪文化成为一种建构民族国家的文化元素。与之不同，在大众文化领域，则是东西方文化非冲突的互融。如北平的冰上化装舞会等冰雪文化作为一种日常生活的文化实践，在东方与西方、传统与现代、精英与百姓、国家与民众的文化并接过程中扮演了重要的角色，形成了中西交融、雅俗共赏、官民同享的文化转型特点。

近代中国社会经历了殖民之痛，一直寻求着现代化的立国之路。新文化运动后，舶来的“体育”概念携带着现代性思想开始广泛进入学校。当时清华大学、燕京大学、南开大学等均成立了冰球队，并在与外国球队比赛中取得不俗战绩。1949 年新中国成立后，“发展体育运动，增强人民体质”成为“人民体育”发展的基本原则，广泛推动了工人、农民和解放军的冰雪体育，为日后中国逐渐跻身冰雪体育强国奠定了基础。

中华冰雪诗画是一道独特的风景线。早在新石器和夏商周时代，已经有了珍贵的冰雪岩画。唐宋诗画中诗雪画雪者很多，唐代王维的《雪中芭蕉图》是绘画史上的千古之争，北宋范宽善画雪景，世称其“画山画骨更画魂”。国家兴衰牵动许多诗画家的艺术情怀，如李白的《北风行》写出了一位思念赴长城救边丈夫的妇人心情：“……箭空在，人今战死不复回。不忍见此物，焚之已成灰。黄河捧土尚可塞，北风雨雪恨难裁。”表达了千万个为国上战场的将士家庭，即便能够用黄土填塞黄河，也无法平息心中交织的恨与爱。

二

雪域生态文化包括冰雪民族文化、青藏高原山水文化、卡瓦格博雪山与珠穆朗玛峰。

中华大地上有着世界之巅珠穆朗玛峰和别具冰雪文化生态特点的青藏雪域高原；有着西北阿尔泰、天山山脉和祁连山脉；有着壮阔的内蒙古草原和富饶的黑山白水与华北平原；有着西南横断山脉。雪域各族人民在广袤的冰雪地理区域中，创造了不同生态位下各冰雪民族在生产、生活和娱乐节庆等方面的冰雪文化，如《格萨尔》史诗生动描述的青稞与人、社会以及多物种关系的文化生命体，呼唤出“大地人（autochthony）”的宇宙观。

青藏高原的山水文化浩瀚绵延，在藏人的想象中，青藏高原的形状像一片菩提树叶，叶脉是喜马拉雅、冈底斯、唐古拉、巴颜喀拉、昆仑、喀喇昆仑和祁连等连绵起伏的山脉，而遍布各地的大大小小的雪山和湖泊，恰似叶片上晶莹剔透的露珠，在阳光的照耀下熠熠生辉。青藏高原上物种丰富的生态多样性体现出它们的“文化自由”。人类学家卡斯特罗（E. de Castro）曾提出“多元自然论（multinaturalism）”，反思自然与文化的二元对立，强调多物种在文化或精神上的一致性，正是青藏高原冰雪文化体系的写照。

卡瓦格博雪山（梅里雪山）最令世人瞩目的是其从中心直到村落的神山体系。如位于卡瓦格博雪峰西南方深山峡谷中的德钦县雨崩村，是卡瓦格博地域的腹心地带，有区域神山 3 座，地域神山 8 座，村落神山 15 座。卡瓦格博与西藏和青海山神之间还借血缘和姻缘纽带结成神山联盟，既是宗教的精神共同体，也是人群的地域文化共同体。如此无山不神的神山体系，不仅是宇宙观，也是价值观、生活观，是雪域高原人类的文明杰作。

珠穆朗玛峰白雪皑皑的冰川景观，距今仅有一百多万年的历史。然而，近半个世纪来，随着全球变暖，冰川的强烈消融向人类敲响了警钟。从康熙年间（1708—1718）编成《皇舆全览图》到珠峰出现在中国版图上，反映出中西方相遇下的帝国转型和主权意识萌芽。从西方各国的珠峰探险，到英国民族主义的宣泄空间，再到清王朝与新中国领土主权与尊严的载体，珠峰“参与”了三百年来人与自然、科技与多元文化的碰撞，成为世人瞩目的人类冰雪文化的历史表征。今天，世界屋脊的自然生态和文化生态保护形势异常严峻，拉图尔（B. Latour）曾经这样回答“人类世”的生态难题：重新联结人类与土地的亲密关系，倾听大地神圣的气息，向自然万物请教“生态正义（eco-justice）”，恭敬地回到生物链上人类应有的位置，并谦卑地辅助地球资源的循环再生。

三

冰雪动植物文化包括青藏高原的植物、猛兽以及牦牛、藏鸦、猎鹰与驯鹿。

青藏高原的植物充满了神圣性与神话色彩。如佛经中常说到睡莲，白色睡莲象征慈悲与和平，黄色睡莲象征财富，红色睡莲代表威权，蓝色睡莲代表力量。青藏高原共有维管植物 1 万多种，有菩提树、藏红花、雪莲花、格桑花等国家一级保护植物和珍贵植物品种。然而随着环境的恶化和滥采乱挖，高原的植物生态受到严重威胁，令人思考罗安清（A. Tsing）在《末日松茸》中提出的一个严峻问题：面对“人类世”，人类如何“不发展”？如何与多物种共生？

在青藏高原的野生动物中，虎和豺被世界自然保护联盟列为等级“濒危”的物种，雪豹、豹、云豹和黑熊被列为“易危”物种。在“文革”期间及其之后的数十年中，高原猛兽一度遭到大肆捕杀。《可可西里》就讲述了巡山队员为保护藏羚羊与盗猎分子殊死战斗的故事，先后获得第 17 届东京国际电影节评委会大奖以及金马奖和金像奖，反映出人们保护人类冰雪动物家园的共同心向。

大约在距今 200 万年的上新世后半期到更新世，原始野牦牛已经出现。而在 7300 年前，野牦牛被驯化成家畜牦牛，成为人类生产、生活的重要伙伴。《山海经·北山经》有汉文关于牦牛最早的记载。牦牛的神圣性体现在神话传说中，如著名的雅拉香波山神、冈底斯山神等化身为白牦牛的说法；中华民族的母亲河长江，藏语即为“母牦牛河”。

青海藏南亚区位于青藏高原东南部边缘，地形复杂，多南北向深切河谷，植被垂直变化明显，几百种鸟类分布于此。特别在横断山脉及其附近高山区，存在部分喜马拉雅—横断山区型的鸟类，如雉鹑、血雉、白马鸡、棕草鹛、藏鹀等。1963年，中国科学院西北高原生物研究所科考队在玉树地区首次采集到两号藏鹀标本。目前，神鸟藏鹀的民间保护已经成为高原鸟类保护的一个典范。

在欧亚草原游牧生活中，猎鹰不仅是捕猎工具，更是人类情感的知心圣友。哈萨克族民间信仰中的“鹰舞”就是一种巴克斯（巫师）通鹰神的形式。哈萨克族人民的观念当中，鹰不能当作等价交换的物品，其价值是用亲情和友情来衡量的。猎鹰文化浸润在哈萨克族、柯尔克孜族牧民的生活中，无论是巴塔（祈祷）祝福词，还是婚礼仪式，以及给孩子起名，或欢歌乐舞中，都有猎鹰的影子。

驯鹿是泰加林中的生灵，“使鹿鄂温克”在呼伦贝尔草原生存的时间已有数百年。目前，北极驯鹿因气候变暖而大量死亡，我国的驯鹿文化也因为各种环境和人为原因而趋于消失，成为一种商业化下的旅游展演。费孝通的“文化自觉”，正是对禁猎后的鄂伦春人如何既保护民族文化又寻求生存发展所提出的：“文化自觉”表达了世界各地多种文化接触中引起的人类心态之求。“人类发展到现在已开始要知道我们各民族的文化是哪里来的？怎样形成的？它的实质是什么？它将把人类带到哪里去？”

相信费孝通的这一世纪发问，也是对人类世的冰雪纪年“怎样形成？实质是什么？将把人类带向哪里？”的发问，是对人类冰雪文化“如何得到保护？多物种雪域生命体系如何可持续生存？”的发问，更是对人类良知与人性的世纪拷问！

《中华冰雪文化图典》丛书定位于具有学术性、思想性的冰雪文化普及读物，尝试展现中华优秀传统冰雪文化和冰雪文明的丰厚内涵，让“中华冰雪文化”成为人类文化交流互通的使者，将文明对话的和平氛围带给世界。以文化多样性、文化共生等人类发展理念促进人类和平相处、平等协商，共同建立美好的人类冰雪家园。

本丛书由清华大学社会科学学院人类学与民族学研究中心组织的“中华冰雪文化研究团队”完成。为迎接2022年北京冬季奥运会，2021年底已先期出版了精编版四卷本《中华冰雪文化图典》和中英文版两卷本《中华冰雪运动文化图典》。本丛书前期得到北京市社科规划办、清华大学人文振兴基金的支持，谨在此表示衷心的感谢！并特别向辛勤付出的“中华冰雪文化研究团队”全体同人、学苑出版社的编辑人员表示深深的谢意！感谢大家共同为中华冰雪文化研究做出的努力和贡献！

张小军

于清华园

2023年10月

目　录

第一章
高原沧桑现牦牛

在中国国土的西部及西南部，有一片高耸辽阔的原野，我们称其为青藏高原。

青藏高原东西长约2800千米，南北宽300—1500千米，总面积约250万平方千米。南起喜马拉雅山，北至昆仑山、阿尔金山和祁连山，西部为帕米尔高原和喀喇昆仑山脉，东及东北部与秦岭山脉西段

▽ 图1-1　俯看青藏高原（局部）
冰雪覆盖的青藏高原，中国最大、世界海拔最高的高原，是相对于地球南极、北极的"第三极"，其雄伟壮观，被称为"世界屋脊"

和黄土高原相接，横跨中国的西南和西北地区。世界第一高峰珠穆朗玛峰就屹立在这里。

青藏高原有着丰富的水平地带和垂直地带，其地形上可分为藏北高原、藏南谷地、柴达木盆地、祁连山地、青海高原和川藏高山峡谷区等部分，包括中国西藏自治区、青海省、四川省西部、甘肃省西南部、新疆维吾尔自治区南部山地和云南的部分，以及不丹、尼泊尔、印度、巴基斯坦、阿富汗、塔吉克斯坦、吉尔吉斯斯坦的部分或全部。

△ 图 1-2　珠穆朗玛峰

中间为珠穆朗玛峰。北京－拉萨－加德满都航班飞越珠峰，飞越珠峰前，机组会告知乘客：我们将飞越世界第一高峰

高原腹地年平均温度在0℃以下，大片地区最暖月平均温度也不足10℃。青藏高原一般海拔在3000—5000米之间，平均海拔4000米以上，极高高原海拔在6000米以上，为东亚、东南亚和南亚许多大河流发源地，其中，中华民族的母亲河——长江和黄河就发源于此。高原上更有诸多湖泊，色林措、纳木措、青海湖等，多为咸水湖，碧波荡漾，风光无限。在湖泊与湖泊之间，伸展开辽阔的原野大地。

青藏高原是世界上最年轻的高原，但它并不是从一开始就是高原。

Δ 图 1-3　珠穆朗玛峰

2020年12月8日，最新测定珠穆朗玛峰高程为8848.86米

Δ 图 1-4　珠峰下（海拔 5300 米）的牦牛群

大约在2.8亿年前，这里还是波涛汹涌的海洋，被称为“特提斯海”或“喜马拉雅海”。2.4亿年前，由于板块运动分离出来的印度板块向亚洲板块移动、挤压，其北部发生了强烈的褶皱断裂和抬升，促使昆仑山和可可西里地区隆升为陆地。随着印度板块继续向北插入古洋壳下，并推动着洋壳不断发生断裂，约在2.1亿年前，特提斯海北部再次进入构造活跃期，北羌塘地区、喀喇昆仑山、唐古拉山、横断山脉脱海成陆。随着印度板块不断向北推进，并不断向亚洲板块下插入，青藏高原在此上升阶段中形成。青藏高原的形成并不是一次就完成的，其抬升过程不是一次性的猛增，也不是匀速的运动，而是经历了几个不同的上升阶段。每次抬升都使高原地貌得以演进。其上升速度曾几度停滞，但有时也非常迅速。

青藏高原是一个巨大的山脉体系，由一系列的山系和高地组成。由于高原在形成过程中受到重力和外有引力的影响，所以高原面发生了不同程度的变形，使整个高原的地势呈现出由西北向东南倾斜的趋势。

经过多次地质运动，近300万年前，这里的海拔也只有1000米左右。当时这里的气候温润潮湿，是一片美丽的海洋景象，碧波荡漾，暖风徐徐，海洋动植物繁盛，海岸森林覆盖，植被丰富，是犀牛、大象、三趾马等大型热带动物的乐园。但在最近的200万年内，喜马拉雅造山运动使这一地区多次隆升，逐次达到2000米、3000米、4000米乃至更高。

今天，我们在平均海拔4800米、距离海洋数千千米的藏北高原，还常常可以捡到古海留下的贝壳和海生物化石，它们透着遥远地质年代的生态信息。

沧海桑田，高原崛起，风雪弥漫，气候渐冷，森林消失，那些热带动物逐渐从这里隐退消失了。

但有一种动物却在此时出现，或者说存留下来了——这就是牦牛。据刘务林考证，现代牦牛的祖先为野牛，野牛可能是从1200万年以前上新世末中分离出来的，其化石发现于北美、西伯利亚及我国东北各地。[1]研究学者利用生物技术建立了牛族的系统发育关系，确定了该族中的两支，即牛属支与水牛属支。[2]另有进一步的研究，确定了牦牛与美洲野牛有较近的亲缘关系。[3]

很难判断牦牛最初是与大型热带动物一起存在，还是在热带动物消失之后出现的，当时还有一种大型动物披毛犀牛，其巨大的犀角像是要横扫雪野，看起来很像是与野牦牛有着某种关系。野牦牛的祖先原始野牛曾在距今约300万年前的早更新世到距今1万年的全新世，在中国的东北、西南、华北、华中、华南，以及云南、西藏、青海等地存在。随着青藏高原的不断升高，动物生存环境的不断变冷，青藏高原的这一系野牦牛的披毛不断加长、绒毛不断加厚，与其他野牛的差别也不断加大，逐渐适应高原的气候环境，顽强地生存了下来。对此，牦牛专家们的看法也不尽一致。

有的牦牛专家认为，大约在上新世后半期到更新世，距今200万年时，牦牛的祖先——原始野牦牛出现了。[4]有的专家则认为，从更新世地层中出土的化石证据看，大约250万年以前的第四纪晚期，在欧亚大陆东北部广泛分布着的“原始牦牛”早已灭绝，我们现在也很难想象最初的野牦牛的模样。[5]此后存在的这一系野牦牛则在青藏高原存在下来，并一直持续到今天。虽然我们不能窥见它们的模样，但在西藏牦牛博物馆陈列着一具野牦牛头骨，是从改道之前的黄河古河床出土的。经北京大学加速实验室碳14鉴定，其年代超过4.5万年，其头骨角骨巨大，可以推断当时的原始野牦牛的体格是远远大于今天的野牦牛的。

1　刘务林《浅谈野牦牛的起源与现状》，《西藏大学学报》（汉文版）2007年第1期。

2　Wall A, Davis K, Read M. Phylogenetic relationships in the subfamily Bovinae (Mammalia: Artiodactyla) based on ribosomal DNA. J *Mammal*, 1992. 73: 262–275.

3　Hassanin A, Ropiquet A. Molecular phylogeny of the tribe Bovini (Bovidae, Bovinae) and the taxonomic status of the Kouprey, Urbain 1937. *Mol Phylogenet*, 2004. 33: 896–907.

4　刘务林《浅谈野牦牛的起源与现状》，《西藏大学学报》（汉文版）2007年第1期。

5　郭松长、刘建全、祁得林、杨洁、赵新全《牦牛的分类学地位及起源研究——mtDNAD-loop序列的分析》，《兽类学报》2006年第4期。

Δ 图 1-5　可可西里（海拔约 4900 米）的野牦牛群

野牦牛的主要栖息地在海拔 4000—5000 米甚至 6000 米的高山草甸区，分布在西藏、青海、甘肃等省区，迄今存有 2 万头左右

Δ 图 1-6　**野牦牛头化石**
才干先生捐赠，藏于西藏牦牛博物馆

由此可以认为，野牦牛肯定是早于人类存在于青藏高原的，很可能在相当长的时期内，它是青藏高原的主导动物，或者说，它就是青藏高原的主人。

今天的青藏高原仍然生存着为数不少的野牦牛。据国际野生动物保护学会乔治·夏勒博士、米勒[1]等人和西藏林业调查规划研究院刘务林[2]以及中国科学院冯祚建[3]等有关科学家20世纪90年代的调查，青藏高原的野牦牛总数大约1.5万头。

随着中国野生动物保护法的实施，尤其是在野生动物较多的三江源地区设立国家公园的举措，野牦牛数量有增长的趋势，大约存有2万头。[4]它们是中国国家一类保护动物。

1　乔治·夏勒、米勒《野牦牛的分布和现状》,《西藏科技》2003年第11期。

2　刘务林《浅谈野牦牛的起源与现状》,《西藏大学学报》（汉文版）2007年第1期。

3　冯祚建《高原珍兽——野牦牛》,《人与生物圈》2001年第2期。

4　朴仁珠、马逸清、崔花淑《中国野牦牛现状研究》,《生命科学研究》1999年第3卷第2期。

野牦牛的主要栖息地在海拔4000—5000米甚至6000米的高山草甸区，分布在西藏、青海、甘肃等省区，那里气候恶劣，高寒缺氧，人迹罕至，只有野牦牛才有那么顽强的生命力在这里生存繁衍。

野牦牛身躯硕大，身长一般在2.5米以上，肩高在1.8米以上，一般体重在1000千克甚至更重。它们是青藏高原乃至中国现存的最大的有蹄类动物。野牦牛非常强壮，周身肌腱发达，身披长毛，特别是腹部长毛几可垂地。野牦牛气管短粗，胸部发达，所以能够显著增加吸氧量。野牦牛的血细胞大小，只有普通牛的一半，而每单位体积的数量却是后者的三倍以上，这就大大增强了细胞的携氧能力。它们还有着发达的毛发系统和少量汗腺，能特别有效地保持体温，尽可能减少热量损失。野牦牛一般有14对肋骨，比其他牛种多出一对甚至两对。[1]野牦牛皮质坚硬，防御性极强，有的高原牧民会将死后的野牦牛的皮张当成砍肉的菜板。野牦牛的舌面有一层肉齿，能舔食粗硬的植物，舌头同时也是它的武器，它发起怒来，用舌头舔一下敌方，就能够把对方皮肉撕卷一层。有的高原牧民还会将晒干的野牦牛的舌面用来做梳子，可见它的舌面多么特别。

野牦牛的双角粗大、尖锐、威武，美术家们常常将此作为“雄风”的象征。野牦牛角似钢铁般坚硬，极具攻击性，是野牦牛抗击外敌的最有力的武器。野牦牛通常稳重沉默，并不主动发起攻击，但在遇到袭击和危险时，它不会选择逃窜，而是迎敌而上，十分凶猛，力大无比，能够将奔驰中的越野车拱翻。

在著名博物学家乔治·夏勒博士看来，野牦牛才是极高高原地区的象征符号。[2]

在野牦牛的家族中，有一个小品种非常特别，就是活动在阿里地区日土县北部高地的金丝野牦牛。这里的海拔多在5000米以上，一年中多数时间被冰雪覆盖。金丝野牦牛浑身长满金黄色的长毛，在阳

---

1 李绍明《简论牦牛文化与牦牛经济》,《云南民族学院学报》(哲学社会科学版)2003年第1期。

2 刘务林、乔治·夏勒《野牦牛的分布和现状》,《西藏科技》2003年第11期。

Δ 图 1-7　金丝野牦牛

西藏自治区阿里地区日土县（海拔约 5000 米），尚存 200—300 头，当地人说，它比大熊猫还要珍贵

光照耀下熠熠生辉，金光闪闪。金丝野牦牛通常不与其他色泽的野牦牛合群，它们自成一体，走在高耸陡峭的山峰和雪野。金丝野牦牛的警惕性很高，嗅觉极为灵敏，非常难以接近，通常难觅其踪影。现代摄影家们只能用预埋的红外线摄影装置，捕捉它们神秘的身影。金丝野牦牛这个种群仅有 200—300 头，可谓野牦牛当中的"贵族"，因此十分珍贵。周芸芸等对西藏金丝野牦牛的遗传分类显示，金丝野牦牛基因片段的序列结构特征、长度、核苷酸组成与其他牦牛相似；金丝野牦牛与普通野牦牛亲缘关系最近，但金丝野牦牛与普通野牦牛的遗传距离较普通野牦牛个体间平均遗传距离大，加上毛色等形态区别，金丝野牦牛被认为是野牦牛的一个亚种或者重要保护单元。[1]

1　周芸芸、张于光、卢慧、刘芳、李迪强、冯金朝《西藏金丝野牦牛的遗传分类地位初步分析》,《兽类学报》2015 年第 35 卷第 1 期。

第二章
凶猛野牛成家畜

藏族古代卜辞说："在三棱的雪山上，野牦牛站立着，永远是雪山之王！"野牦牛品种优良，血脉独特，如何把野牦牛的基因传续到家畜牦牛当中去，以此解决家畜牦牛的品种退化问题，已经引起了牦牛科研专家们的极大兴趣。

▽ 图 2-1　西藏壁画中猎杀野牦牛的场景
可见于拉萨市北郊西藏文化园内

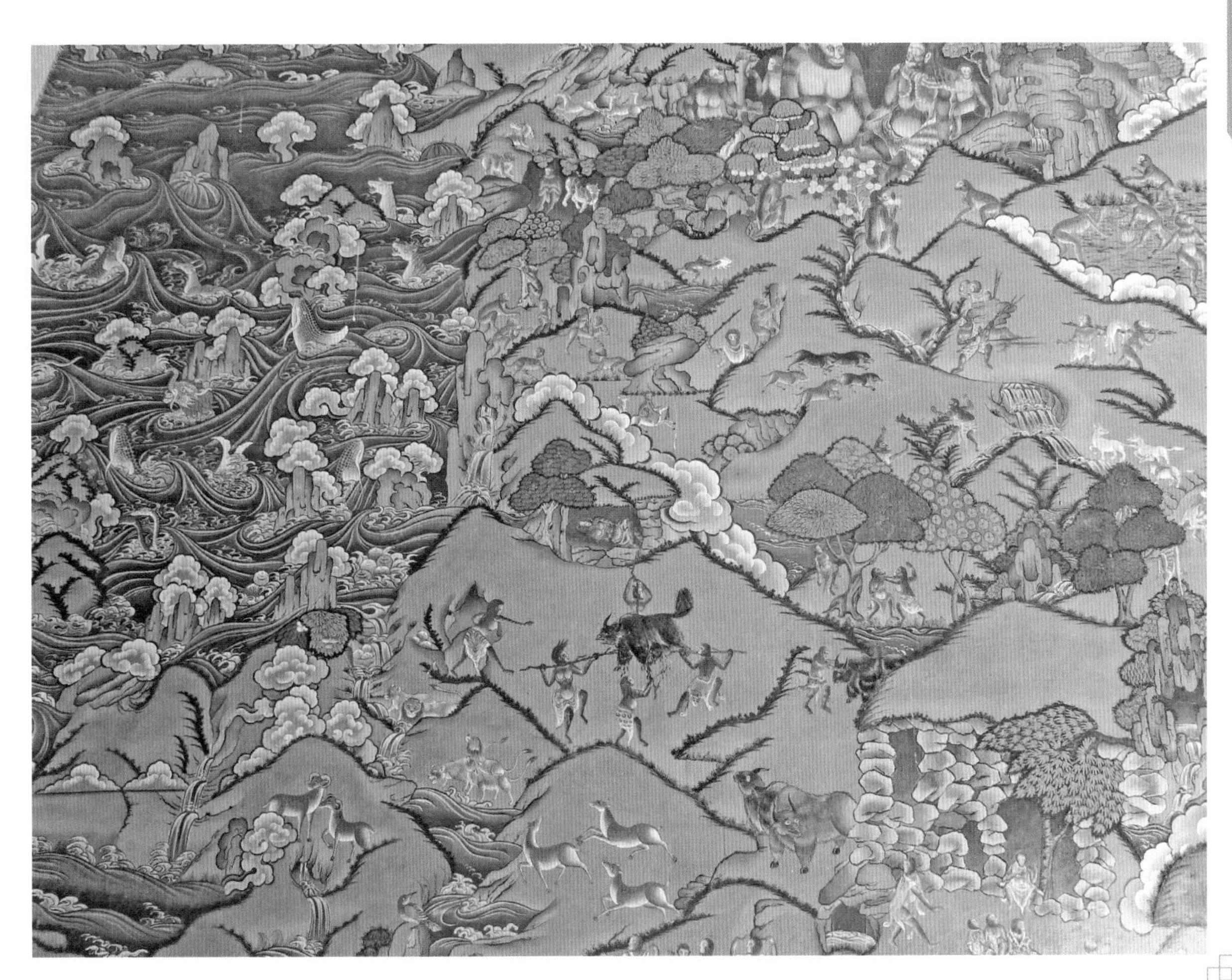

Δ 图 2-2　西藏壁画中驯化牦牛的场景

可见于拉萨市北郊西藏文化园内

现存的野牦牛是家畜牦牛的野系近亲。家畜牦牛是从野牦牛驯化而来的[1]，这已经基本成为专家们的共识。

但高原古代藏族人民是在什么年代，又是如何把凶猛的野牦牛驯化成为家畜牦牛的，是一个令人感兴趣的话题。

在藏语里，野牦牛称为“仲”，家畜牦牛称为“亚克”，英语中牦牛 yak 与藏语“亚克”发音相同。从“仲”到“亚克”，即从野牦牛到家畜牦牛，应该是一个漫长的过程。[2]

1　刘强《从线粒体细胞色素 b 基因和 D-LOOP 控制区序列差异研究野牦牛和家牦牛的系统进化关系》，浙江大学硕士学位论文，2005 年；任乃强《羌族源流探索》，重庆出版社，1984 年，第 21-22 页。

2　蔡立《四川牦牛》，四川民族出版社，1989 年，第 2-5 页；任乃强《羌族源流探索》，重庆出版社，1984 年，第 21-22 页。

Δ 图 2-3　藏族先民与牦牛

西藏自治区阿里地区日土县（海拔约 4900 米）岩画，距今大约为 3500 年

西藏牦牛博物馆里有三幅唐卡画作，称为“藏族与牦牛三部曲”，第一幅《猎杀》，第二幅《驯化》，第三幅《和谐》，以想象的方式描述了这个过程。

一般认为，高原藏族将野牦牛驯化成家畜牦牛，应该在是距今3500—4500 年。

正是在这个年代，出现了藏人与牦牛同处一幅岩画的画面——在西藏阿里、藏北高原、青海省三江源等地区，都发现了大量此类题材的岩画。

也是在这个年代的考古遗址内，发现了与牦牛相关的残存物，例如骨针等——在西藏卡若遗址、曲贡遗址都有类似发现。

考古学家和负责曲贡遗址材料鉴定的学者们分析认为，在曲贡遗

◁图 2-4 雍布拉康
绘有西藏最早的部落六牦牛部的壁画

址已经发掘有兽骨出土的35个探方和16个子灰坑中，绝大多数都有牛的骸骨、牙齿或角心骨，其中有一支较完整的角心骨具有牦牛角的典型特征。曲贡遗址出土的牦牛标本显然属于家畜。[1]如此，家畜牦牛的驯养历史可以说是早在距今3700年以前已经开始。而在青海都兰出土的牦牛形象的小陶塑，有可能是家畜牦牛的形象。都兰县出土的文物中，还有牦牛毛编织毛绳、毛布，牦牛皮制作的革履和工艺品，其年代应在殷周之前。

也有新的研究结果发现，早在距今7300年前，野牦牛就已经被驯化成家畜牦牛了。这是中国兰州大学科研人员联合英国、荷兰研究人员，通过基因测序和比较所揭示的，相关成果发表在英国《自然通讯》杂志[2]。牦牛驯化是早期人类迁徙高海拔地区的一个重要事件，此前一般认为牦牛驯化时间可能在3500—4500年前。但这次最新研究表明，野牦牛驯化时间要比原先估计的提早2800—3800年。科研人员通过基因测序及比较中国26个地区野牦牛和家畜牦牛的全基因组遗传变异图谱分析发现，青藏高原上的人们在7300年前新石器早期就驯化了野牦牛，驯化数量在3600年前增长了约6倍。这一时段正是人类向高海拔地区扩张的时间。野牦牛的驯化时间与人类在当地的定居扩张时间重合。家畜牦牛基因组中表现出遗传选择的迹象，而这些选择可能影响了动物的行为，尤其是其温顺性。[3]

有关于此，我们只能期待考古界和科学界进一步的发现、研究与共识了。

那么，高原藏族先民是怎样驯化野牦牛的呢？

据传说，早在吐蕃王朝第一代首领聂赤赞普时（约相当于西汉时期），野牦牛还没有被驯化，西藏经常发生野牦牛伤害人类生命财产

1 周本雄《曲贡遗址的动物遗存》，中国社会科学院考古研究所、西藏自治区文物局《拉萨曲贡》，中国大百科全书出版社，1999年，第237–243页。

2 Qiu, Q., Wang, L., Wang, K. et al., Yak whole-genome resequencing reveals domestication signatures and prehistoric population expansions. *Nature Communication* 6, Article Number：10283（2015).

3 Qiu, Q., Wang, L., Wang, K. et al., Yak whole-genome resequencing reveals domestication signatures and prehistoric population expansions. *Nature Communication* 6, Article Number：10283（2015).

图 2-5　家畜牦牛

西藏纳木措北岸的班戈县

（海拔 4700 米）

的事情，聂赤赞普为此非常不安，要求管理民事的大臣设法解决，大臣到民间多方寻访驯化野牦牛之术，后从一位老人那里得知，在捕获的野牦牛鼻孔的最软处打一个洞，用柏木棍穿洞而过，然后将两头弯过来扎紧，再拴上绳子，就能够把凶猛的野牦牛制服。这个传说与藏北的岩画所表现的驯牛场景非常契合。这也可以看作驯化野牦牛的开始。

传说中还有垒起土墙，把野牦牛引入围墙，再用绳索套住，进行驯化；也有的是把野牦牛的小牛犊擒获，自幼进行家养。

总之，一代一代的先民们想出各种方法，甚至是我们现在难以想象的方法，在漫长的时间里，逐渐把野牦牛驯化成家畜牦牛。

从“仲”到“亚克”，从野牦牛到家畜牦牛，这个驯化过程显示出高原藏族先民的勇敢与智慧。面对如此凶猛的庞然大物，通过观察、实验与搏斗，最终将其驯化为温驯的家畜，其中的艰难、危险是难以想象的。

可以认为，将野牦牛驯化为家畜牦牛，是藏族由一个自在的人类族群成为一个自为的人类族群的标志性事件。在藏族古代文学作品，往往会用能够驯化并骑行野牦牛这样的词语，来赞美他们心中的英雄。

在驯化后的几千年里，家畜牦牛的体格发生了极大的变化。今天的家畜牦牛与野牦牛相比，体格要小很多，几乎只有野牦牛的一半；犄角的弯弧度也变得平直了许多，不再具有野牦牛犄角那种强烈的攻击性；当然，家畜牦牛的力量当然也相对变小了。经过驯化的牦牛，性情也发生了很大的变化。因为它一出生就得到牧人的照料，就有牧人与它交流，它们与人类沟通、默契和亲昵程度大大提高，从视人为敌，变成了视人为友，从为恐人类，到服役人类，最终成为高原藏族人民的亲密朋友。

但也有专家认为，迄今为止，牦牛仍然是一种并没有完全被人类驯化的野生动物。

第三章 文史典籍话牦牛

▽ 图3-1 冈仁波齐神山
在西藏阿里地区普兰县境内，为西藏苯教、藏传佛教、印度教、耆那教共同的神山，被认为是世界中心的"须弥山"

牦牛专家研究认为，家畜牦牛起源于中国，主产于中国，无论从历史渊源、地域分布、民族形成、考古实证、文字记载，都有充分的证据表明，中国是牦牛的发源国，同时也是牦牛文化的发源地。

在青藏高原的古老传说中，当世间第一缕阳光照耀到神山冈仁波齐时，就有了第一头牦牛。在藏族的创世传奇民歌当中，牦牛的头颅

Δ 图 3-2　西藏壁画

原为西藏苯教的雅拉香波山神是一头白牦牛，后被降服为佛教护法神。存于西藏自治区山南市乃东县亚桑寺

变成了高山，牦牛皮铺开变成了大地，牦牛尾巴变成了江河。藏族创世纪神话《万物起源》中说："牦牛的头、眼、肠、毛、蹄、心脏等，变成了日月、星辰、江河、湖泊、森林、山川。"

据《吐蕃历史文书》记载的藏人远古传说："在天地中心之上，住着六父王天神的王子弃瑞已，他有三兄三弟，连他共计七人，弃瑞已的第三子为聂赤赞普，他到下界为人主…… 做了六牦牛部的王。"这里说的就是吐蕃王朝第一代首领聂赤赞普的故事。今天的西藏自治区山南市泽当镇的西藏第一座宫殿雍布拉康的壁画上，还绘有六牦牛部的场景。

有学者曾经对《东北藏古代民间文学》一书中的占卜部进行统计，其所载31条卦文中，包括牛的有8条，提到与牛相关星宿的有两条；还有学者认为，卦文和诗歌里的牦牛，所指的就是吐蕃王朝之前与之并重的古代象雄王朝。

藏族史料有记载称，“莲花生初进藏，从尼泊尔入境时，雅拉香波山神现原身，化作一头雪白的牦牛，像一座大山，吼声如雷，震得山崩地裂”，结果被莲花生降服，成为佛教中的护法神。

古藏文《于阗授记》一书记载，于阗国王不信佛，下令比丘离开家乡，这些比丘在寻找路径时，看见一头背上驮有东西的白牦牛，这头牦牛便是神的化身，于是僧人跟随白牦牛进入吐蕃。西藏古代一些著名的土著神灵如雅拉香波山神、冈底斯山神等都化身白牦牛。另外，一些土著神的坐骑也都是牦牛，而且只要化身牦牛或与牦牛有联系的神灵，往往是最原始的土著神。[1]著名的米拉日巴大师也用牦牛角施行法术，牦牛角可以与尊者对话，尊者还可以钻到牦牛角中去。

藏文史书《王统世系明鉴》记载，止贡赞普与大臣罗旺达孜决斗，罗旺用计杀死了赞普，篡夺了王权，命止贡赞普的王妃牧马，王妃在牧场牧马时梦见与雅拉香波山神化身的一位白人交合，醒来之后却看见一头白牦牛从身边走开。此后王妃就生下一个血团，把血团放到一个野牦牛角里，孵出一个儿子。这个孩子就是日后西藏历史上著名的茹列吉（意思是“从角中生出的人”），是传说中第九代藏王布德贡甲的大臣。此人发明了制造木犁、冶炼铜铁、烧炭、熬胶等技术，被誉为藏族早期历史上的“七贤臣”之一。[2]

在藏族英雄史诗《格萨尔王传》中，也记载了很多人与野牦牛战斗的故事。格萨尔用神兵收服红铜角野牦牛后，“拿野牦牛的头和角，作了霍尔、黑魔、姜国、门国的招魂物，把它们放在奔木惹山的北方，向毒蛇奔跑的地方，以降服四方妖魔，降服十八大城”。

---

1 谢继胜《牦牛图腾型藏族族源神话探索》，《西藏研究》1986年第3期。

2 谢继胜《牦牛图腾型藏族族源神话探索》，《西藏研究》1986年第3期。

◁图 3-3　雅拉香波雪山
西藏山南，海拔 6647 米

16 世纪的《旦巴曲拉传记》手抄本中记载，早期阿里的贵妇们出行喜欢骑乘白色的牦牛，以显示自己是出身贵族家庭的人。

在中国先秦历史汉文典籍中，也很早就出现了关于牦牛的记载。[1]“氂”“旄”“犛”，都是指牦牛。《山海经·北山经》记载：“（潘侯之山）有兽焉，其状如牛，而四节生毛，名曰旄牛。”应为汉文典籍中关于牦牛的最早的记载。

《山海经·中山经》记：“东北百里曰荆山。其阴多铁，其阳多赤金；其中多犛牛……”晋郭璞注“犛牛”曰：“旄牛属也，黑色，出西南徼外也。”《山海经·西次二经》记有人面牛身，四足一臂操杖以行的神，传说伏羲和炎帝均长牛首。《说文》记：“旄，牛尾也。”按，牦牛、旄牛通用，扬州贡品之“旄”，或为牦牛尾。段玉裁注《说文解字》卷二谓：“牦、髦、旄三字同音，故随用一字。”《周礼·春官·旄人》记：“乐师有旄舞。”可见当时牦牛舞或用牦牛尾为道具的舞蹈，已经进入宫廷仪式了。《吕氏春秋·本味》记：“肉之美者……旄象之约。”“约”即“尾”，可能所称即牦牛尾汤。

◁图 3-4
骑白牦牛的贵族妇女
西藏自治区阿里地区扎达县（海拔约 4500 米）东嘎皮央壁画，早期西藏阿里贵族妇女以骑白牦牛为高贵身份的标志

明李时珍《本草纲目·兽二·犛牛》记：“犛牛出西南徼外，居深山中野牛也，状及毛、尾俱同牦牛。牦小而犛大，有重千斤者。”又，“犛者，髦也。其髦可为旌旄也。其体多长毛，而身角如犀，故曰毛犀”。该条目还记：“牦牛出甘肃临洮，及西南徼外，野牛也。人多畜养之。状如水牛，体长多力，能载重，迅行如飞，性至粗梗。髀、膝、尾、背、胡下皆有黑毛，长尺许，其尾最长，大如斗。亦自爱护，草木钩之则止而不动。古人取为旌旄，今人以为缨帽。毛杂白色者，以茜染红色。”李时珍所称犛、牦之别，很可能就是野生牦牛与家畜牦牛之别。

《国语·楚语上》曰：“巴浦之犀、犛、兕、象，其可尽乎？”

《书·牧誓》记：“王左杖黄钺，右秉白旄以麾。”

1　徐迅《先秦文献中所见“牦牛”略考》，娘吉加主编《感恩与探索——高原牦牛文化论文集》，西藏人民出版社，2014 年。

《诗经·小雅·出车》记：“设此旐矣，建彼旄矣。”

《荀子·王制》记：“西海则有皮革，文旄焉，然而中国得而用之。”唐杨倞注曰：“旄，旄牛尾。文旄，谓染之为文彩也。”

从先秦典籍看，上古时代，牦牛已经进入旌旗装饰、宫廷乐舞、官人仪仗和烹调美食。所以有学者认为，当时无论是牦牛还是别的牛种，都具有超乎人类的力量，成为一种不同族群的跨文化的图腾和崇拜。

公元前221年到公元220年的秦汉时期，中国西北和西南牧区已经把牦牛作为主要家畜进行繁育，生产肉、乳、毛等产品。公元前100多年，汉武帝遣司马相如略定西南夷，增置沉黎郡，牦牛国为其附属国。

除藏族外，纳西族、部分彝族等其他民族也进行了牦牛的驯养。

那时，牦牛似有多个品种，分布较广，包括现今的甘肃、宁夏、内蒙古、陕西、湖北、湖南、四川、云南、贵州、西藏，而犛牛之种则多分布于“西南徼外”之地，就是现今的四川、云南、贵州、西藏。

第四章
万千牦牛种群地

世界牦牛的总量，难以准确统计，《中国牦牛》（2019年）一书中称约为1600万头。除主产国中国外，其余主要分布在蒙古、俄罗斯、吉尔吉斯斯坦、塔吉克斯坦、尼泊尔、印度、不丹、巴基斯坦等国家。另据近年的报道，瑞典、美国等地也有少量牦牛引进和养殖，还有一些国家把牦牛引进动物园，作为观赏动物，如20世纪初，法国曾把牦牛引进巴黎的动物园。

其中，蒙古国约有牦牛存量80万头，俄罗斯约有牦牛5万头，吉尔吉斯斯坦约有牦牛2万头，尼泊尔约有牦牛及犏牛（牦牛与黄牛杂交的牛种）3万头，不丹约有牦牛3万头，印度约有牦牛4万头，巴基斯坦约有牦牛2万头，阿富汗约有牦牛0.25万头。这些国家共计牦牛存量为100万头左右，约占世界牦牛总量的6%。

牦牛分布的地区，具有海拔高（2500—6000米）、气温低（年均低于0摄氏度）、昼夜温差大（15摄氏度以上）、牧草生长期短（110—133天）、辐射强（年辐射量超过140—195千焦/平方厘米）、氧分压低（110毫米汞柱以下）等特点。

中国牦牛总量约为1500万头，占世界牦牛总量的约94%。中国的牦牛主要分布在青海、西藏自治区、四川、甘肃、新疆维吾尔自治区、云南等省区，此外在北京、河北、内蒙古等省区市也有少量牦牛。

图 4-1　青海高原牦牛

海拔约 4500 米

◁图 4-2　西藏嘎苏牦牛
海拔约 4500 米

西藏自治区

西藏自治区是中国牦牛的主要产区，牦牛存量约 455 万头，全区七个地市都有分布，以藏北那曲地区为最多，约 186 万头，次为昌都，约 110 万头。西藏牦牛的品种较多，如帕里牦牛、斯布牦牛、类乌齐牦牛、西藏高山牦牛和娘亚牦牛。

四川省

四川省牦牛存量为 400 多万头，主要分布在甘孜藏族自治区、阿坝藏族羌族自治州，少量分布于凉山彝族自治州。四川牦牛的主要品种有九龙牦牛、麦洼牦牛、玛曲牦牛等。

甘肃省

甘肃省牦牛存量约为 132 万头，主要分布在甘南藏族自治州的七县一市，以及天祝藏族自治县，其他市县也有分布。主要品种有甘南牦牛、天祝白牦牛、玛曲牦牛等。

天祝白牦牛是世界稀有而珍贵的牦牛品种，是经过长期自然选择和人工选育而形成的独特品种，现在存量为5万余头。

新疆维吾尔自治区

新疆维吾尔自治区约有牦牛存量22万头，主要分布在巴音布鲁克等地区，其品种称为巴州牦牛，来源主要是现当代从西藏、四川、青海等地引进的，品种有九龙牦牛、大通牦牛和天祝白牦牛。

云南省

云南省牦牛存量约有8万头，主要分布在迪庆藏族自治州，主要品种为中甸牦牛。

▽ 图4-3 甘肃玛曲牦牛
海拔约3700米

图 4-4　藏北牧场

海拔 4900 米

以上提到多个牦牛品种，对于非专业人士而言，大同小异；但对专业人士而言，牦牛品种的分类与研究非常重要。专家们将中国牦牛分成大致17个品种，包括：天祝白牦牛、帕里牦牛、九龙牦牛、中甸牦牛、甘南牦牛、西藏高山牦牛、青海高原牦牛、娘亚牦牛、麦洼牦牛、木里牦牛、斯布牦牛、巴州牦牛、金川牦牛、昌台牦牛、环湖牦牛、雪多牦牛、类乌齐牦牛。如果按各地方牧业专家的说法，可能还会分出更多的品种。例如，西藏藏北西部有一种与野牦牛杂交的品种，当地人称为“仲扎”；西藏措美县哲古草原也有一个独特的品种，叫作“嘎苏牦牛”。

不同的牦牛品种，与其基因遗传、气候水土、牧草品种有极大关系，高原牧民似乎有一种天然能力，可以识别牦牛的长相与山川河谷的关系。

牦牛品种的分类与研究，是牦牛专家赖以指导牦牛产业的基本理论依据。根据牦牛的解剖学特性、生理生化特性、生物学特性、细胞学特性，分析牦牛地方品种的遗传资源，分析每一个品种生存的海拔、气候、土壤、水质、牧草，分析该品种的形成和迁徙历史，由此产生的外观特征、性情特点和机体性能，肉乳特质、毛绒特质等，专家们据此提出牦牛品种改良、发展、提高品种质量、发展牦牛产业的指导意见。

第五章
科学研究探牦牛

Δ 图 5-1
20 世纪 60 年代上海科学教育电影制片厂出品的彩色科教影片《中国牦牛》

中国是牦牛主产区，但有关牦牛的科学研究，却起步较晚。20 世纪 40 年代，中国现代畜牧兽医学术和教育界的老前辈陈之长和许振英率先进入中国牦牛生产区，对牦牛、高寒草原进行了为时 3 个月的考察，撰写了《西康省畜牧兽医考察报告》；后与美国专家再次考察牦牛产区，根据这些考察材料，撰写了《牦牛、犏牛初步调查报告》，这应该是最早的牦牛科研成果。主要是一些基本状况的现场调查和传统经营管理状况的描述，现代畜牧科技还没有进入牦牛生产领域。

“文革”前，也只有原甘肃农业大学、西北畜牧兽医学院、西北畜牧兽医研究所、四川农学院、西南民族学院等不多的机构和学者开展牦牛研究和试验。当时苏联对牦牛的研究和在牦牛产区新技术的推广应用，都处于世界领先地位。中国高校畜牧专业的有关牦牛的教材，也多来源于苏联学者的研究成果。

“文革”后，牦牛相关的科学技术研究迅猛发展，西南民族学院、中国农业科学院兰州畜牧与兽药研究所、甘肃农业大学、青海畜牧兽医学院、新疆生产建设兵团畜牧所、西藏畜牧所以及青海、甘肃、西藏等牦牛分布区的畜牧科技人员协同合作，组织调集畜牧科研力量，从牦牛资源调查、杂交改良、饲养管理、疾病防治、草原建设、生态保护等多学科进行了广泛深入的研究，开创了以牦牛为主题

Δ 图 5-2

动物学家、牦牛专家洛嘎先生和他参与编写的《中国牦牛学》和《中国牦牛》杂志

的专业学科，推出了一系列重要的牦牛科研成果，成立了中国牦牛科研协作组，建立了全国牦牛科研协作机制，形成了中国第一次牦牛科学技术研究热潮，推出了一批科学技术著作；1980 年创办了《中国牦牛》杂志，出版了第一部《中国牦牛学》[1]；张容昶教授主编的《中国的牦牛》[2] 专著出版；1994 年召开了第一届国际牦牛研究学术讨论会，此后陆续召开多届。在陆仲璘、蔡立、钟光辉、张容昶、余四九、钟金城、韩建林等教授带领下，一批年轻的牦牛科研专家学者迅速成长，著述甚丰，为牦牛产业的发展做出了重要贡献。近 30 年来，中国牦牛的研究、技术开发与推广，都走在世界前列。

这一阶段的科学技术研究获得显著的成果，主要有：查清了中国的牦牛资源，筛选出了 9 个优良牦牛地方类群；将冷冻精液人工授精技术引上高山草原，进行了多品种之间的杂交组合；牦牛营养与饲

1 《中国牦牛学》编写委员会《中国牦牛学》，四川科学技术出版社，1989 年。

2 张容昶编《中国的牦牛》，甘肃教育出版社，1989 年。

Δ 图 5-3
中国农业科学院兰州畜牧与兽医研究所编写，阎萍、梁春年主编的《中国牦牛》（中国农业科学技术出版社，2019 年）

料、牦牛医学、牦牛繁殖与生理、牦牛分子遗传学研究，包括脱氧核糖核酸（DNA）、微卫生、免疫遗传等新技术成功应用于牦牛科研；兰州畜牧所成功建立了世界上第一个野牦牛公牛站，采用导入野牦牛基因，改良复壮家牦牛，创建了配套的"牦牛复壮新技术"；并且在改善饲养管理、疾病防治、品种选育、牦牛血液制品开发等领域，都获得了丰硕成果。

一批专事牦牛科学技术研究者，成为专家、教授，更有许多基层科研人员成为牦牛科研的主力。

近 30 多年来，中国牦牛科研协作组及其主要成员单位中国农业科学院兰州畜牧与兽药研究所在本领域成果显著，获得多项科研成果，其建立的世界上第一个野牦牛公牛站，培育的"大通牦牛"新品种是世界上第一个牦牛培育品种，是牦牛领域科研的重大成果。该所还于 2019 年出版了《中国牦牛》一书，该书是"十三五"国家重点图书出版项目，由阎萍、梁春年主编，中国科学院院士吴常信作序，全书 87 万字，是迄今为止最为全面的一部牦牛学著作。

专家认为，由于 90% 的牦牛分布于青藏高原，因其特殊的自然条件，牦牛作为该地区的标志动物，其技术发展将会具有明显的国际性和多学科特点；由于 90% 的牦牛生产经营者是藏族人，牦牛科技的发展将具有更浓厚的民族性和群众性；由于牦牛所具有的生物学特性，牦牛技术发展将具有突出的超前性和创新性；由于牦牛采食于高原牧场，牦牛的采食方式对草原的破坏相对较轻，牦牛技术发展成为关键的经济生态学的重要因子；牦牛技术发展必将提高牦牛业的经济收入，对于高原人民脱贫致富起到重要作用；由于牦牛生活的高寒草地几乎没有任何有害烟尘、重金属、农药化肥的污染，牦牛技术发展将具有十分突出的环保绿色特征；由于牦牛生存的草原将出现以旅游休闲、探险、考察等第三产业的发展，牦牛的属性中景观动物的比重有可能扩大，牦牛生产将会由数量型畜牧业向效益型畜牧业转化。

第六章
人文学科论牦牛

关于牦牛的研究，2001 年出版的《世界牦牛文献索引》[1] 收集目录 4000 余条，其中绝大多数为自然科学类的畜牧兽医科，人文学科的文章当时还不多见。

人文学科与牦牛相关的研究，应该始于考古发现及其研究。

1973 年，甘肃省天祝藏族自治县哈溪镇出土了一件铜质古物，当时的县文教科工作人员，即甘肃省天堂寺第六世活佛、后为西北民族大学博士生导师多识先生发现，这是一件极为重要的牦牛青铜器，遂将其收藏保存起来。这是一件硕大的古器，其身高为 0.7 米，背高为 0.51 米，角长为 0.4 米，体重 80 千克，是中国出土的第一件牦牛造型的青铜器。该青铜器形体结构严谨、准确、古拙、雄浑、质朴、凝重且生动逼真，冶炼技术高超。经文物部门鉴定，为唐代吐蕃时期所铸造（后来学界有观点认为其年代应更早，可能为汉代），属国家一级文物。[2] 当其入展甘肃省博物馆新馆时，观众纷纷赞叹道，到甘肃博物馆一定要看“一马一牛”，马即马踏飞燕，牛即青铜牦牛。

牦牛成为艺术品，甚至可能是宗教重器，所含意义引起了多方专家学者的重视。首先是它的历史价值，铸造如此精美的青铜器，其铸

1 刘喜、余四九《世界牦牛文献索引》，甘肃教育出版社，2001 年。

2 伊尔·赵荣璋《牦牛青铜器与牦牛文化》，《中国藏学》2009 年第 4 期。

Δ 图 6-1　牦牛青铜器

1973 年出土于甘肃省天祝藏族自治县哈溪镇，多识先生收藏，原件现藏于甘肃省天祝县博物馆，为国家一级文物，复制品展于甘肃省博物馆和西藏牦牛博物馆

造技术应该处在相应的历史时期。而牦牛作为其主题，又有着相应的文化或者宗教的选择。

此后，考古学界，如四川大学霍巍、李永宪教授和陕西考古研究院张建林教授带领的团队，以及青海、西藏等省区的考古工作者，在青藏高原多处发掘中发现了与牦牛相关的器物，每一次发现都会引起学界的思考与研究。这些研究涉及领域很广，包括古代政治、经济、军事、文化，以及生产、生活、民俗、生态、艺术、丧葬等等。

一个重要的话题是，在青藏高原，是否存在一种可以称得上“牦牛文化”的现象？

著名藏学家、中国藏学中心历史所原所长陈庆英研究员很早就关注了牦牛文化现象，他认为：青藏高原独特的自然环境在数千年的历史时期中，深刻地影响着高原的经济生产活动和高原居民的社会生活，造成了它的文化具有许多与高原以外的其他地域明显不同的特征，同时高原各个地区的文化在许多方面又具有共通性。牦牛和牦牛文化就是其中重要的一支。青藏高原的牦牛文化，可以分为物质文化和精神文化两个层面。在物质文化层面，牦牛浑身是宝，和高原居民的衣食住行紧密相关，为人们提供了生存的基本保障；在精神文化层面，牦牛为人们的文学艺术创作、节日活动和神灵信仰提供了多种题材。

陈庆英进一步论述，在神灵信仰中，牦牛实际上处于一个复杂而矛盾的地位。人们生活中对牦牛的依赖以及牦牛的生存能力、力量、威武和气势，使牦牛具有神圣的一面，人们对牦牛怀有一种感恩和敬畏的情愫，同时人们在生活中又常常食用、役使牦牛，有一种征服牦牛的豪迈感情。因此，在藏族先民中有奉牦牛为神灵的，甚至有以牦牛为部落名号的，在藏族神话故事和文献中的牦牛山和牦牛河往往是土著神灵的化身；也有以猎杀牦牛彰显英武气概的。《旧唐书·吐蕃传》说：“宴异国宾客，必驱牦牛，令客自射牲以供馔。”也就是说，在吐蕃人的观念中，能够射杀牦牛的，才是值得交往的朋友。《敦煌本吐蕃历史文书》记载，吐蕃的第十四代赞普名仲协勒，第三十代赞

Δ 图 6-2　牦牛青铜器的发现者和收藏者、西北民族大学博士生导师多识活佛（中）

图为 2012 年牦牛文化田野调查组拜访多识活佛时的合影。如果不是他的发现，那牦牛青铜器就要送废品收购站了

普名仲年德如（松赞干布曾祖父），他们名字中的“仲”字面上即是野牦牛之意。民间传说中又将灭法的第四十二代赞普朗达玛描绘成魔鬼的化身，头上长有一对牦牛角。《西藏王统记》中说：“大臣洛昂篡夺王位，役使王妃为马牧。一日，妃于牧马处，假寐得梦，见雅拉香波山神化一白人，与之缱绻，既醒，则枕藉处有一白牦牛，倏起而逝。造满八月，产一血团，有如拳大，微能动摇。念若抛舍，肉自己出，未免不忍。养之，又口眼均无，遂以衣缠裹之，置于热牦牛角中。数日往视，出一幼婴，遂名为降格布－茹列吉（助赞普王子复国的功臣，被称为吐蕃第一位贤臣）。”又称：“尼泊尔赤尊公主嫁给松

赞干布时，其嫁妆中惟觉阿与慈氏二像，若造车载，道路难通，欲置于驮马背上，负驮牲畜均不胜任。乃忽出现二白色变化犏牛，堪能负载。遂将觉阿与慈氏二像，分置两犏牛背上，赤尊公主乘一白骡，偕同美婢10人，连同负载珍宝多骑，吐蕃使臣为之侍从，遂同向藏地而来。”这样的游移在神、神畜、王、臣之间的牦牛形象，正是藏族民众对牦牛的复杂情感的表现。

陈庆英先生还说，总之，无论从物质文化的层面还是从精神文化的层面看，牦牛文化都是青藏高原藏文化的基础，是藏文化得以生根发展的重要根本之一。

近20年来，有关牦牛文化的研究及成果不断出现。主要有：牦牛与考古研究、牦牛岩画研究、牦牛壁画研究、牦牛唐卡研究、牦牛图腾研究、牦牛与族群研究、宗教仪轨中的牦牛研究、典籍中的牦牛研究、牦牛与藏医药研究、牦牛与民俗研究、牦牛与民间文学研究，相关研究涉及多个学科、多个领域，相关研究成果不断出现。其中比较引人关注的有：

谢继胜著《牦牛图腾型藏族族源神话探索》[1]；

林继富著《藏族宗教仪轨中的牦牛》[2]；

杨明著《青藏高原的牦牛文化》[3]；

苏永杰著《牦牛与藏民族文化》[4]；

李永宪著《青藏岩画的牦牛图像分析》[5]；

刘德川著《牦牛图腾问题浅探》[6]；

---

1 谢继胜《牦牛图腾型藏族族源神话探索》,《西藏研究》1986年第3期。

2 林继富《藏族宗教仪轨中的牦牛》,《西藏艺术研究》1998年第1期。

3 杨明《青藏高原的牦牛文化》,《科学大观园》2009年第4期。

4 苏永杰《牦牛与藏民族文化》，娘吉加主编《感恩与探索——高原牦牛文化论文集》，西藏人民出版社，2014年，第101–112页。

5 本文为2020年11月26日于西藏牦牛博物馆开展的公益讲座所讲。

6 刘德川《牦牛图腾问题浅探》,《西藏民族学院学报》(哲学社会科学版）2006年第3期。

伊尔·赵荣璋著《牦牛青铜器与牦牛文化》[1]；

才让当智著《牦牛在医药学中的作为》[2]

…………

与牦牛文化相关的藏文文章更多，有学者正在致力于撰写"牦牛文化史"。有关牦牛文化的英文文章也不在少数。

谢继胜认为，牦牛是高原上主要的役用畜和食用畜，牦牛成为图腾的过程，也就是它被藏族先民驯化成家畜的过程。通过对诸多牦牛图腾民俗现象的分析，谢继胜在研究中证实了藏族的牦牛图腾制，然后分析了在藏区牧区各地以及藏文史籍中出现的几个牦牛图腾型族源神话，并用古代卜辞及藏区边沿地带和其他民族的古神话作为反证，证明牦牛图腾与图腾族源神话是藏族的古代图腾及族源神话之一。[3]

刘德川认为，在现实层面上，牦牛影响了藏民族物质生活的方方面面，在信仰层面上，它几乎渗透到了藏民族精神生活的每一个领域，物质和精神层面上的有机联系，使它从一个普通动物进而成了藏民族的崇拜对象，甚至在一定时期的一定地域内还被某一部分藏族先民奉为图腾圣物。[4]

才让当智写道，牦牛作为高原人民的生产伴侣和财富源泉，始终行进于高寒辽阔的青藏高原上，世世代代都是高原人民勇往向前的路标楷模，不断为高原人民提供精神追求和生存动力。牦牛不但以自己天生坚韧不拔之物质滋养着高原人民经受磨难、坚强不屈、乐观进取的特异气质，以雪域之舟高远的胸襟包容万物、吐故纳新、坚守性情，指示雪域人民坦荡明晰胸怀中志愿、成就前世来生的远大理想，而且还以自己似雪域雄狮一样强壮的体质、热烈似火的燎原性情和似

1　伊尔·赵荣璋《牦牛青铜器与牦牛文化》,《中国藏学》2009年第4期。

2　才让当智《牦牛在医药学中的作为》，娘吉加主编《感恩与探索——高原牦牛文化论文集》，西藏人民出版社，2014年，第113–124页。

3　谢继胜《牦牛图腾型藏族族源神话探索》,《西藏研究》1986年第3期。

4　刘德川《牦牛图腾问题浅探》,《西藏民族学院学报》（哲学社会科学版）2006年第3期。

天地宽厚的容忍情怀，为世代生活在寒冷高原的坚强人民带来温暖热情，抚慰心灵，振奋精神，开阔眼界。正是有牦牛高贵气质的相依相随，才使高原人民具有无与伦比的生态文明习惯和与众不同的无量慈悲情怀。[1]

2014 年 5 月 18 日，西藏牦牛博物馆开馆，办馆宗旨为“牦牛驮载的西藏历史和文化”。[2] 国家文物局原局长、故宫博物院原院长单霁翔先生参加该仪式，称该馆“国内填补空白、世界独一无二”，在致辞中他赞叹“牦牛文化的确博大精深”。

Δ 图 6-3 《感恩与探索——高原牦牛文化论文集》面封

同时，由西藏牦牛博物馆组织、娘吉加先生主编、才让当智先生作序的《感恩与探索——高原牦牛文化论文集》出版。

1　才让当智《牦牛在医药学中的作为》，娘吉加主编《感恩与探索——高原牦牛文化论文集》，西藏人民出版社，2014 年，第 113–124 页。

2　吴雨初《最牦牛——西藏牦牛博物馆建馆历程》，西藏人民出版社，2015 年。

第七章
高原地名现牦牛

Δ 图 7-1　中央民族大学博士果毛吉女士著《牦牛地名考》资料版封面

在青藏高原牦牛产区，很多地方的名称与牦牛相关。

陈庆英先生的学生，中央民族大学博士，青海师范大学果毛吉正是在先生观点的影响下，专门进行了一项关于青藏高原牦牛产区与牦牛有关的地名的研究。由于牦牛地名考据涉及面地域辽阔，资料来源庞杂，藏语方言俚语及使用汉语音译并无规范，还有部分牦牛产区的地名录尚未完成，因此，果毛吉博士的这项关于牦牛地名研究，到2017年未能最终完成。在西藏牦牛博物馆的协调下，由北京出版集团公司北京出版社将当时已有的成果，印行了资料版的《牦牛地名考》，陈庆英先生为之作序。虽然未能正式出版，但其中的大量资料仍然是很有价值的。

陈庆英先生在序言中指出，收集与牦牛有关的地名涉及牦牛存在的范围的问题。牦牛有野牦牛、家养牦牛和犏牛，甚至高原上的黄牛有时也被看作是牦牛。因此在收集与牦牛有关的地名时，先要注意到藏文中对各种牛的称呼。具体来说，与藏文的 vbrong（公野牦牛）、vbrong-mo（母野牦牛）、g.yag（公牦牛）、vbri（母牦牛）、mdzo（公犏牛）、mdzo-mo（母犏牛）、bevn（牛犊）等词语有关的地名应该都是与牦牛有关的地名。另外与藏文 Nor（对牛的总称，有时指财富）、ba-lang（黄牛）、ba-mo（母黄牛）、glan（公黄牛，有时又指大象 glang-chen）、vo-ma（牛奶）、sbra（牦牛毛帐篷）有关的地名也有可能是与牦牛有关的地名。

由此，在青藏高原牦牛产区，与牦牛有关的地名应该有数千条。

果毛吉博士的《牦牛地名考》基本按行政区划，从大到小，即从省（自治区）、地区（市）、县、乡（镇）、村来呈现。

如，涉及县的，西藏自治区就有四个县：

日喀则市的仲巴县，仲巴，意即野牦牛；

那曲的比如县，比如，意为母牦牛角；

那曲的巴青县，巴青，意为大牦牛毛帐篷；

昌都的左贡县，左贡，意为犏牛岗。

跨越中国多个省区市的中华民族的母亲河——长江，藏语称之为 vbri-chu，即母牦牛河。

涉及乡镇、村、居民点、放牧点的地名中，与牦牛有关的地名就更多了。如西藏自治区当雄县，其藏语意为“经过挑选的草滩”。该县的乌玛塘乡所辖，多与牦牛有关，如：比勒多村，藏语意为“母牦牛畜栏下方”；郭奇木村，藏语意为牦牛皮之家；比查多牧点，藏语意为“花牦牛沟口”；崩琼牧点，藏语意为“小野牛”；开顶牧点，藏语意为“高台牦牛圈”；拖索日山，藏语意为“牦牛形山”。

西藏自治区索县所辖地方。亚拉乡，藏语意为“驮牛山”；该乡的果秀镇，藏语意为“牛皮下段之沟”；阿如达村，藏语意为“野牛角似的谷口”；亚隆沟，藏语意为“牦牛沟”。

西藏自治区嘉黎县所辖的地方。亚旭拉，藏语意为“牦牛走过的山口”；直根拉，藏语意为“老母牛山口”；仲吾隆巴，藏语意为“野牛吼叫的地方”；亚琼村，藏语意为“周岁牛”。

青海省共和县所辖萨珠玉乡的中果村，藏语意为“野牛头骨”；该县的江西沟乡则有浪娘山，藏语意为“牛心”。

四川省松潘县所辖地方。纳藏，藏语意为“牛毛帐篷”；若果，藏语意为“牛头”；若梁，成语中意为“牛脖颈”；亚伊日，藏语意为“无角牦牛山”；中穷卡，藏语意为“野母牛山”；亚松隆哇，藏语意为“三公牛沟”；亚果卡，藏语意为“牛头山”……

诸如此类，不胜枚举。几乎可以说，但凡有牦牛的地方，就有跟牦牛相关的地名。由此可见，牦牛，深深地融入了当地的自然与人文地理的概念当中。[1]

1 果毛吉《牦牛地名考》(资料版)，北京出版社，2017年。

第八章
千姿百态牦牛风

牦牛长什么样？

当地人这样打趣地形容：牦牛长着双眼皮，穿着超短裙，蹬着高跟鞋，喝着矿泉水，吃着冬虫夏草，拉下六味地黄丸……

牦牛通常体格强健，家畜牦牛身长约 2.5 米，身高约 1.5 米，体重 350 千克以上，野牦牛体重有的可超过 1000 千克，头大额宽，角粗，肩部鬐甲显著隆起，周身长毛，尤其腹部披毛粗长及地，尾毛蓬

▽ 图 8-1　**西藏阿里地区日土县的金丝野牦牛**
海拔约 5000 米

▷ 图 8-2　青海杂多县高原牦牛
海拔 4200 米以上

▷ 图 8-3　青海曲麻莱牦牛
海拔 4500 米以上

松，前胸开阔，背腰平直，四肢有力，蹄质坚实，可称为牛类动物中的“强者”。

牦牛最引人注目的可能是它的犄角，不同于黄牛和水牛的犄角。有经验的细心牧人们可以从牦牛的犄角的弧度、角质、角节，大致判断出这头牦牛的品种来源、生存地域、存活年龄等基本状况，甚至可以猜测它的性格特征和既往经历。牦牛的犄角通常是牦牛，特别是公牦牛的标志性象征，当然也是它的战斗武器。牦牛的嬉戏性角斗经常发生在草原上。牦牛犄角的样子，往往与其所处的海拔有联系，通常海拔较高的地区的牦牛，犄角弯曲的弧度较大，犄角尖前趋，更有攻击性；海拔较低的地方，其犄角则较为平直，显得更为温顺。

牦牛尾也很独特，粗长多毛，古代人们将其作为旌旗的飘缨或宫廷里的拂尘。牦牛尾巴通常是垂着的，但当牦牛竖起尾巴时，那就是它发怒的象征，是战斗的旗帜。常在牧区的人大都知道，你可以站在牦牛前面，但不要轻易在它的身后活动，尤其不要随意动它的尾巴，不然是很危险的。

◁ 图 8-4

西藏帕里高原牦牛

海拔 4300 米以上

Δ 图 8-5　西藏日喀则牦牛
海拔约 4000 米

通常情况下，牦牛的性情比较温顺，能够听从主人的召唤，与同伴和睦相处，尤其爱护自己的小犊；只有在它受到威胁时，才会发怒发力。

牦牛毛，特别是它腹下的披毛，是它抗御高原严寒的盔甲，但在人类看来，也是它们全身通体的装饰，无论黑白棕杂，都油光发亮，显得威风凛凛。

牦牛与黄牛、水牛的明显区别还在于它的肩甲，牦牛的肩甲通常比较高耸，有人借用“驼峰”这个词来称谓，据说这也是它储存能量的地方，从外观而言，增加了形象的威猛感。

牦牛因为品种不同，生存地区的海拔不同，又有各自不同的特点。往往海拔越高，牦牛的体格越大越强壮，海拔越低，则相反。高

图 8-6　西藏类乌齐牦牛

海拔 4500 米

海拔地区的牦牛似乎距离野牦牛的生存地更近一些，保存的野牦牛基因更多一些，所以更为强健、硕大、威猛，古代已经有诗形容其大若“垂天之云”。

牦牛各产区牧民通常都会对当地牦牛品种大加夸赞，谁不说咱家乡好，还一定要加上：谁不说咱家乡的牦牛好！

玉树人夸赞自家的野血牦牛身高体大，甘孜人夸赞自家的九龙牦牛体态矫健，阿坝人夸赞自家的麦洼牦牛灵性通神，果洛人称自家的高山牦牛毛绒厚实，嘉黎人夸赞自家的娘亚牦牛肉鲜味美，哲古人夸赞自家的嘎苏牦牛奶汁香甜，当雄人夸赞自家的高山牦牛纯净营养，申扎人夸赞自家的矮脚牦牛味道独特……

甘肃省的天祝白牦牛，浑身白毛，高贵而纯净，已经被列入国家级畜禽品种资源保护名录。白牦牛因其纯净的白色，被高原藏族人民誉为“神牛”。甘肃省天堂寺第六世活佛，西北民族大学博士生导师多识·洛桑图丹琼排教授写过一首《白牦牛赞》，原诗为藏文，他本人译为汉文：

横空的雪山是神牛的化石

雪白的牦牛像带角的雄狮

它伴随着藏民族从远古走来

在生命的禁区谱写壮丽的史诗[1]

元代著名政治家、宗教大师和学者、国师八思巴·洛追坚赞（1235—1280）曾经写一首《牦牛赞》，他是这样形容牦牛的（娘吉加先生首译汉文）：

体形犹如大云朵

腾云驾雾行空间

1　多识·桑洛图丹琼排《白牦牛赞》，《十月》2014年增刊《牦牛文化专刊》。

Δ 图 8-7　甘肃天祝县白牦牛

海拔 2000 米以上

鼻孔嘴中喷黑云
舌头摆动如电击
吼声如雷传四方
蹄色犹如蓝宝石
双蹄撞击震大地
角尖舞动破山峰
双目炯炯如日月
犹如来往云端间
尾巴摇曳似树苗
随风甩散朵朵云
摆尾之声震四方
此物繁衍大雪域
四蹄物中最奇妙
调服内心能镇定
耐力超过四方众
无情敌人举刀时
心中应存怜悯意[1]

这位大学者把牦牛从头到蹄、从角到尾尽情赞颂，结论是“此物繁衍大雪域，四蹄物中最奇妙”，作为一名僧人，他最后还不忘提醒：“无情敌人举刀时，心中应存怜悯意。”

1 八思巴·洛追坚赞著，娘吉加译《牦牛礼赞》，《十月》2014年增刊《牦牛文化专刊》。

第九章 高原之宝处处宝

牦牛，藏语亦称“诺尔”，意思是宝贝，或者叫“诺尔那”，意思是黑色宝贝，所以牦牛又被称为高原之宝。

在牦牛产区，很多藏族牧人都会说，我就是喝着牦牛奶，吃着牦牛肉，穿着牦牛皮衣，烤着牦牛粪火，住着牦牛毛帐篷，骑在牦牛背上长大的。由此可见，高原藏族牧人与牦牛有多么密切的关系。

作为高原牧区最基本的生产资料和生活资料，牧人说，除了帐篷杆子、汉阳锅、缝针以外，所有的用品都可以从牦牛身上获取。

牦牛肉

产肉，是牦牛畜牧业的主要生产方向。牦牛肉色泽鲜艳，香味独特，系水力、嫩度、多汁性适中。

从化学成分看，牦牛肉血红蛋白含量高，蛋白质中氨基酸齐全，营养价值较高，脂肪分布均匀，含少量碳水化合物及有机酸。牦牛肉中含有人体所需的多种元素，如钾、钠、钙、镁、铁、铜、氯、磷、硫等无机物。牦牛肉除本身的色素外，还包含有毛细血管中的血色素及维生素。

Δ 图 9-1　牦牛肉

在高原牧区，牦牛肉除煮成熟肉外，还较多晒成风干肉，便于储存和携带。可以直接食用的冰冻的生肉，也是常见的美味。

老坛泡椒牛肉面

◁ 图 9-2
从鲜牦牛奶提炼酥油

牦牛奶

牦牛奶被称为“天然浓缩乳”，既是说牦牛奶相对于其他牛乳产量要低很多，也是说牦牛奶营养丰富。牦牛奶的主要成分有水、蛋白质、脂肪、乳糖、无机盐、磷脂、维生素、酶、免疫物、色素、气体及其他微量成分。牦牛奶中的无机物钾、钠、钙、镁、铁、铜、氯、磷、硫等含量，且有随着海拔上升而升高的趋势。

在高原牧区，牦牛奶除直接饮用外，还会制成酸奶、奶皮、奶渣、酥油和各种奶质糕点。

牦牛毛绒

牦牛是牛属家养品种中唯一能生产毛和绒的牛种，也是牦牛作为“全能”家畜的主要特征。牦牛披毛是由不同长度、细度及不同毛纤维类型组成的混合型披毛，既有粗长的尾毛，又有细短的绒毛，牦牛毛纤维能很好地保暖、防水。一头牦牛一般每年可产毛绒 1.5 千克左右，毛和绒各占一半，但不同品种的差异较大。牦牛毛绒是毛纺工业的重要原料。特别是牦牛绒可细纺制作精细的制品，如今高原的许多文创产品用的就是牦牛绒。

牦牛皮

△ 图 9-3　牦牛皮腰包
（西藏牦牛博物馆展出）

牦牛皮韧性较好，可揉性强，是高原皮革工业的重要原料，西藏皮革厂利用牦牛皮生产皮箱、皮鞋和牦牛裘皮，一些国际著名品牌的运动鞋也用上了牦牛皮。

牦牛骨

以往除少量牦牛骨用来制成器皿外，多数牦牛骨都弃之不用，但现在其独有价值被发现，不少地方将其制成牦牛壮骨粉，是一种含钙量丰富的保健品。

另外，牦牛骨还可以制作特色工艺品。

牦牛血

牦牛血通常是在宰杀牦牛后用以灌肠，是一种美味食物。此外，牦牛血还能够作为藏药制作的成分，有多种藏药里含牦牛血配方。

牦牛角

牦牛角一般不视为经济产品，但在高原牧区，牦牛角却是每家都有的装饰品，既有镇邪作用，又具有美观性。高原很多山隘路口的玛尼堆上，都装置有牦牛角。

当今用牦牛角制成的旅游纪念品也非常风行。

牦牛粪

牦牛粪通常被认为不能登大雅之堂，实际上，牦牛粪也是一宝。牦牛粪才是真正的生态环保的标记，湿时可滋肥草原，干时可作为燃料。牧区的家家户户，帐篷中央就是一堆牛粪火，烧茶、煮肉、取暖、提炼酥油，都离不开牛粪火。据说烧牛粪火冒出的烟味，还可以医治多种疾病。牧人还把储存的牛粪垒成牛粪墙，成为一种独特的装置艺术。

高原上年轻人举办婚礼，要在新房门口放上一盆晒干的牦牛粪，以期此后日子红火兴旺。

Δ 图 9-4 晒干的牦牛粪（刘杰 手绘）

第十章
藏人牦牛两相成

高原藏人与高原牦牛有着特别的缘分。

青藏高原应该很早就有人类活动和居住。2016年，中国科学院古脊椎动物与古人类研究所和西藏自治区考古研究所共同对海拔4000米以上的藏北申扎县尼阿木底旧石器时代旷野遗址进行考古发掘，发现有大量石制品分布，根据光释光测年数据测定的初步结果，尼阿木底遗址年代距今至少3万年，是人类活动与旧石器文化研究的重要时期。尼阿木底古代人类文化遗存的发现，既反映了该时期藏北高原可能处于温暖湿润的环境中，也反映了更新世晚期古人类对高原生态环境的适应能力。[1]

当时的早期人类是不是现在的高原居民，暂时还无法判定。现在高原居住的藏族，据较晚的藏族典籍记载，是发源于现今山南市泽当镇的洞穴中。藏族人自己认为，他们的祖先是罗刹女与猕猴交合的后代。吐蕃王朝的第一代藏王聂赤赞普是天神下凡，来当六牦牛部的王。那时候就已经有牦牛，而且以牦牛作为部落的命名，这或可以算是藏族人类族群与牦牛这个动物种群的渊源了。

藏族有句民间谚语说，凡是有藏族的地方就有牦牛。十世班禅大师也曾经说过，没有牦牛就没有藏族。也有人补充说，没有藏族就

1　张晓凌《西藏尼阿木底旧石器遗址考古获重要发现》，《中国文物报》2017年第3期。

▶图10-1 《藏人》
藏族画家昂桑所绘，深刻表现了牦牛与藏人密不可分的关系，现在是西藏牦牛博物馆的主题画

没有牦牛。因为没有藏族驯化野牦牛，也就没有今天的家畜牦牛。总之，藏族驯养了牦牛，牦牛养育了藏族。

西藏牦牛博物馆有一幅藏族画家昂桑先生创作的主题画《藏人》，画的形象是半个藏人脸半个牦牛脸，生动地表现了藏人与牦牛密不可分的联系。这幅画在藏族居住地非常流行，很多网友将其作为自己微博、微信等社交工具的头像。

很早以前，藏族人民就将野牦牛驯化成家畜牦牛，此后与牦牛形成了相互依存的亲密关系。牦牛对藏族在高原的生存、发展，做出了无可替代的巨大贡献。

的确，牦牛尽其所有，成就了高原牧人的衣、食、住、行、运、烧、耕，参与了他们的政、教、商、战、医、娱、文。

◁图10-2　牦牛衣

衣

牦牛绒是上好的织物材料，可制成衣物、卧具、饰物，藏式毛呢氆氇中也有牦牛毛绒。牦牛皮则可以加工成皮革和裘皮，牧民帐篷里的卧垫，就是牦牛皮内包牦牛毛。西藏的高山牧场常常可以看到当地妇女披着牦牛皮制成的披风，既防寒，又美观。

食

牦牛奶是高原牧人最重要的营养来源，牧区的孩子多是喝牦牛奶长大的。刚挤出来的新鲜牦牛奶味道甘甜，营养丰富。从牦牛奶提炼

Δ 图 10-3　酥油
西藏自治区措美县哲古草原

的酥油，既是酥油茶必不可少的原料，也是寺庙供灯的主要燃油。很多寺庙还会用酥油制作成酥油花，供信众朝拜和观赏。青海玉树的牦牛节上，有一种习俗，就是用一种特别的奶品奉献最珍贵的客人，即用 100 头母牛（有的甚至是 10000 头母牛）的奶合成的奶品，据说喝下这种奶品可以医治百病。

牦牛肉是高原牧人最主要的食物。牧区不生产粮食，牧人很少食入碳水化合物，手抓牦牛肉是他们日常食物。在粮食缺乏的年代，有人打趣说，我们除了牦牛肉就没有可吃的了。牧人迁徙、旅行，所带的食物，主要就是风干的牦牛肉。

高原牧人正是从这样的肉和奶里汲取营养，获得了能够抗御严寒缺氧的气候环境的健壮体魄。

Δ 图 10-4　**牦牛帐篷**（刘杰 手绘）

住

黑色的牦牛毛帐篷，是高原牧民千百年来游动的家。用牦牛毛绒捻线，用自家简易的织机编织，按自己的需求缝制，最少用三根木杆就能支撑起来。比较大的帐篷则需要七根或者九根木杆。

牦牛毛帐篷用的是牦牛毛绒，有着冬暖夏凉的特点。在天晴时，会露出密密麻麻的细孔，让阳光和空气进入；雨雪之时，毛绒胀开，密不透风，把雨雪挡在外面。

牦牛毛帐篷非常方便，游牧时将其卸下折叠，驮在牦牛背上，一个牧人家庭就可以逐水草而居了。

行

在高原牧区，牦牛常常是牧人的坐骑。很多牧区孩童就是在牦牛背上长大的，那是他们的摇篮。不仅是孩童，甚至成人，也往往把牦牛作为交通工具。牦牛具有极大的耐力，善走险道。

运

在汽车进入高原之前，牦牛是最重要的运输工具。牦牛可以负重几十千克甚至上百千克，可以连续行走几个月。传统西藏的农区没有盐，牧区没有粮，进行盐粮交换，需要跋涉长达上千千米的路途，这一切都只能靠牦牛来承担。

▽ 图 10-5

牦牛为攀登珠峰的勇士运送物资，有的牦牛也会因为极高高原的反应牺牲在途中。前进营地海拔约 6500 米

烧

在高原牧区，牦牛粪几乎是唯一的燃料。它燃烧的温暖，伴随高原牧人度过凛凛寒冬和漫漫长夜。牦牛粪不但没有难闻的气味，反而有一种牧草的清香，牧民认为，它还可以治疗很多疾病。如果把汉语中的成语“薪火相传”略改一下，“粪火相传”用在高原牧区也是很合适的。

耕

青藏高原的一些河谷地带，海拔相对较低，宜于耕作，是青稞产地。河谷地带的农民耕作的畜力，就是用两头牦牛拉着一副犁具，被称作“二牛抬杠”。每年春耕开始之际，农民们会给牦牛披红挂彩，

▽ 图10-6
传统的二牛抬杠
西藏自治区山南市贡嘎县农村开耕节

打扮得花枝招展，以祈求风调雨顺、青稞丰收。这种耕作方式一直延续到当代拖拉机进入高原。

政

牦牛作为高原最重要的生产资料和生活资料，必然会体现到政治层面。在古老的吐蕃王朝，就有关于猎杀野牦牛如何分配的法律规定。在政教合一的旧西藏，繁杂的劳役、沉重的税赋，都会体现在牦牛身上。由牦牛奶提炼的酥油，要按品级上交到各级官员。如果遭遇灾害天气，如何按灾害程度降减税赋，也有相应的规定。

教

西藏宗教也与牦牛密不可分。在寺庙常年燃烧的酥油灯，用的就是牦牛奶提炼的酥油。很多宗教法器也是用牦牛骨、牦牛皮、牦牛毛制作的。宗教舞蹈也常常是戴着牦牛面具的牦牛舞，

商

西藏商业包括涉外贸易，牦牛毛绒占有极大份额，牦牛肉则是每年冬季宰杀后民间贸易最大宗项目。在传统西藏，商业所用的秤，秤盘是牦牛皮制作的，秤砣也是用牦牛皮包裹着鹅卵石做的。

战

在西藏古代军事战争中，牦牛是骑兵必备的坐骑，使用的盾牌是用牦牛皮或者牦牛毛制作的，刀柄和火药盒则是用牦牛骨制成的。

图 10-7　牦牛舞

高原牧区常见的舞蹈

医

牦牛的肉、奶、血、髓等20多种成分，进入藏医药，为强健体魄、医疗保健发挥作用。直到今天，多种藏药仍然在发挥牦牛成分的功能。

娱

牦牛舞热烈、奔放，是西藏僧界俗界广受欢迎的舞蹈，甚至在今天盛会开幕、迎接宾客、喜庆活动，都会跳上一段牦牛舞。藏族民间盛行弦子舞，舞者每个人配有一把胡琴，也是用牦牛角制作而成的。

文

高原藏族文化，与牦牛的关系更为密切，牦牛深刻地影响了高原人民的精神性格，形成了牦牛文化。

甘肃省天堂寺第六世活佛、西北民族大学博士生导师多识·洛桑图丹琼排教授用藏文所写的《牦牛品德赞》[1]表达了高原藏人对牦牛的崇拜，以下是2014年他自译的汉文：

吐蕃人的福畜
——牦牛品德赞

使虎豹熊罴胆战心惊的
锐利的双角直插蓝天的您——
对自己的朋友性格温柔如棉
经常把幼童妇女驮在背上

1 作于1986年7月，发表于当年的藏文刊物《达赛尔》。

嘴里虽不吐“利众”豪言

但把自己血肉、脂肪、内脏和皮毛

甚至把排泄的粪便

都毫无保留地献给了众生

毛驴承受不了沉重的负担

跟随阿拉伯的商队离乡逃走

在你的背上虽压上小山般的重负

也从来没有吐怨气的吭声

骏马为了得到一副金鞍

甘愿作千乘之王的坐骑

你把自己的美丽的尾丝

无私地捐出救济别人

藏獒为得到一块吃剩的骨头

作了霍尔兵勇的凶猛猎犬

你虽得不到一口牧草而毙命

也从不离开你的主人

雪狮经不起雪域的严寒

去了非洲的原始森林

你却从远古至今

未离开故乡——雪域高原

头戴珊瑚树的麋鹿

腰系黄金袋子的香獐

仗着智慧双剑的野兔

唯自保安乐，比你卑微

见有尸肉飞来的白头鹰

开花时节歌唱的布谷鸟

喜欢在黑夜里起舞的猫头鹰

虽然有飞翔的翅膀也难以与你匹敌

没有骡子的脚踢自己人的坏毛病

没有羊的听任宰割的懦弱

没有猪的掘自家墙脚的愚蠢

没有猫的做家贼的贱骨

你做利他之事从不求回报

合群共享水草，从不自私

你不怕风吹、雪打、雨淋

勇于承受饥寒服役之苦

你双眼血红，但非见利“眼红”

虽然面带愤怒，但非仇视亲友

虽然双角锐利，但不瞄准家人

虽然有时嗷嗷叫，绝非预示不祥

没有锦缎衣袍和金银首饰

只披着一身御寒的绒毛

用可敬美德的珍宝饰身

故成为人类的示范课本

第十一章 红色之舟记功勋

牦牛不但在藏族发展的几千年当中，与高原藏族相伴相随，成为人类文明发展过程宏伟篇章中的一个独特故事，而且在现当代中国革命史中，牦牛也做出过巨大贡献。

1935—1936年，中国工农红军从江西突围，开始两万五千里长征，冲破国民党军队的围追堵截，到达四川西部的雪山草地。当时中国革命处于危急关头，红军队伍严重缺乏后勤补给。红军战士严重缺乏食物，当地藏族人士便赶着牦牛支援红军，宰杀牦牛慰劳红军，使红军在这里得到休整，继续北上。毛泽东主席在革命胜利后，对此念念不忘，他对藏族老红军天宝同志感慨地说："你们民族真伟大，你家乡的老百姓真好！在中国革命的紧急关头，是他们帮助了我们……他们把自己的牦牛杀了，才帮我们走出茫茫大草地。所以我曾经说过，中国革命在某种意义上说是'牦牛革命'"。[1]

1950年，人民解放军进军西藏。当时没有一条公路，穿越2000千米崇山峻岭，雪山草地，被称为"第二次长征"。进军西藏数万人的粮草弹药、后勤补给，全靠牦牛驮运。据进军西藏老同志回忆，藏族群众赶着牦牛支援部队，动用的牦牛达100多万头次，有的藏族群众因此成为支前模范。有一位藏族妇女曲美巴珍因为赶着牦牛

1　马尔康地方志办公室《红色记忆：红军长征在四土》，巴蜀书社，2008年，第139页。

支援解放军进藏，被誉为“康藏之光”。一些进军西藏的官兵回忆起当年的场景，把这些牦牛亲切地称为“无言的战友”。有的老同志撰文写道：“如果说淮海战役是人民群众用小车推出来，那么，西藏和平解放的胜利，是党的政策的胜利，也是藏族群众用牦牛驮出来的。”

Δ 图 11-1

20 世纪 50 年代初，人民解放军进军西藏，藏族群众赶着牦牛支援，图为支前模范曲美巴珍，被誉为“康藏之光”

1962 年中印边境自卫反击战，人民解放军在前线作战，后方有大批藏族群众赶着牦牛支援前线，驮运粮草弹药，帮助人民解放军在保卫祖国领土中立下了战功。这次自卫反击战动用的牦牛达 3 万多头。曾经参战的官兵说，在当时的交通条件下，牦牛运输是最重要的。连对方也很奇怪，中方的后勤补给是怎么完成的。其实就是靠牦牛。

在人民解放军戍边卫国中，牦牛也发挥了重要作用。新疆红其拉甫边防，至今不通汽车，马匹也行走困难，部队便组织了一个牦牛骑兵班，骑着牦牛，穿越风雪，巡逻国防线。

Δ 图 11-3

百岁老西藏魏克同志亲切地把牦牛称作“无言的战友”

Δ 图 11-2

1959 年平息西藏叛乱，藏族群众支援解放军

20 世纪 80 年代，西藏阿里波林边防连在连队营建初期，看到一头无主牦牛，便将其收养。后来这头牦牛为连队背水，一背就是十多年，最后年老力衰，战士们便为其养老送终。南疆军区破例为这头牦牛记三等功，这是人民解放军历史上第一次为一头牦牛记功。后来，部队为弘扬老黑牛精神，给这头牦牛铸造了铜像。入役退役的边防连官兵都要来此祭奠，庄严地行军礼致敬。

在西藏建设年代，逢山开路，遇水架桥，架设电网，兴修水利，重大工程中都有牦牛忙碌的身影。

在登山健儿攀登珠穆朗玛峰的过程中，也是牦牛率先驮运登山物资到海拔 6500 米的前进营地，登山健儿再从这里向珠峰挺进。所以，有的登山勇士们感叹地说，如果不是牦牛，我们人类可能到现在也不一定能登上这世界第一高峰。

Δ 图 11-4

人民解放军战士骑着牦牛巡逻国防线（王烈 摄影）

牦牛

Δ 图 11-5

人民解放军边防某部向荣立三等功的老黑牛致敬

第十二章 牦牛来到此世间

牦牛的自然寿命最长可以到20多岁，但牧业生产更需要壮年牦牛，所以通常不会让它们活得太老。

牦牛来到此世间，一般在2—3岁、多为3岁之后进入性成熟期，种公牦牛繁殖期可以到15岁，一头种公牦牛每年可配13头左右母牦牛。母牦牛通常也在3岁后进入繁殖期，妊娠期一般为8个月左右，每胎一犊，繁殖期一般为10—12年。牦牛交配一般在每年8月，产犊一般为次年4—5月。因此，每年4—5月为接犊高峰期。草原的春天，此时还寒气袭人，但繁忙的牧民会因为家畜产犊，充满喜气和欢乐。

牦牛产犊，一般会在牧场上或者牛圈里。此时，它会得到牧人的特别关照。有的牧人为了接犊，甚至会晚上睡在牛圈里，侍奉在母牛身边。

2012年5月8日，藏历水龙年三月八日，藏北班戈县纳木湖边的德钦值七村久保村，牧民才旺俊美家。当地海拔在4700米，白天的气温在0℃以下，夜晚温度降至零下20℃左右。才旺俊美看着他家的母牛，感觉它今天就会下小犊。为了防止母牛难产，才旺俊美一整天就盯在母牛后面。转遍牧场，一直等到牧归，母牛也没有分娩。但才旺俊美认为它今夜一定会生下来，于是，他把牦牛毛垫铺在牛圈里守候。等到晚上11点多，他家母牛终于开始分娩。分娩过程通常为30

Δ 图 12-1

为迎接小牛犊降生，牧民才旺俊美住在牛圈里等候

Δ 图 12-2

一头小牛犊降生了

分钟，但这头母牛的分娩却历时大约90分钟，才产下一头小公犊。母牛分娩后立即起身，一点一点地舔干牛犊身上的胎衣和羊水，20分钟之后，这头小犊就能够颤抖地站立起来，怯生生地围绕着母亲转悠，寻找母乳乳头。第二天，小牛犊就可以欢蹦乱跳了。

在高原牧区，一头小牛犊来到世间，牧民通常先要给它取一个名字。名字一般会根据它的花色、形状，或者主人的喜好、愿望，如：花尾巴就叫“昂寸”，白脑门就叫“顿嘎”，顽皮的叫“促波”，乖顺的叫“年波”，也有的叫“杰波”，意为王子，漂亮的母犊叫“杰嫫”，意为美女，也有的希望小母牛长大后多产奶做酥油，便取名“玛姆”，意为酥油之母。久而久之，牦牛也似乎能听懂主人对它的称呼。

才旺俊美家生下的这头小公犊，他取名为“纳木措普”，意为“天湖之子”。

牦牛来到此世间，对于牧人而言，不只是畜群多了一头牲畜，更像是家庭增添了一位家人。在纳木措普出生的第二天，才旺俊美在牛圈边抱着他的一岁多的小孙子，接受乡亲们的祝福，并当众宣布，要

▽ 图12-3
牧草返青了，是牦牛添膘的时候了

▲图 12-4

一岁的犊牦牛

▶图 12-5

该抓绒剪毛的牦牛

图 12-6

秋天到了，风雪也来了

把这个“天湖之子”送给他孙子当礼物。此后，这个小牛犊将会伴随着他的小孙子长大。

牦牛的哺乳期一般为5个月前后，实际上，犊牦牛在2周龄即可采食牧草，3月龄就可以大量采食牧草，牧人对那些食草能力强的牛犊会先行断奶，以便人类采奶食用，或者提炼酥油。通常2—3岁的牦牛即为成年牛。公牛、母牛都要承担成年牛的责任，对于公牦牛，一般是根据母畜群数量，选取数量适当、体格较好的公牛作为种公牛，其他公牛则会进行去势（阉割），成为役牛和肉牛，去势后的公牛一般产肉量会更高，力量也会比较大。无论公牛、母牛，一般3岁之后都要开始为人类服役，奉献它们的力量、乳汁、毛绒，开始它们劳作的一生了。

▲图12-7
一年中最艰难的冬季到来，抗灾保畜是牧民最重要的工作

放牧牦牛，是高原牧童的必修课。在传统社会，牧区的孩子五六岁就要开始放牧。一般来说，母牦牛带着犊牦牛基本都是在冬季牧场附近食草，这些都是由小牧童来承担的，离家不远，牧童可以照看小

▼图12-8
母牦牛带着犊牦牛走向牧场

▲图 12-9　牧女挤牦牛奶

牛，家人也可以照看牧童。等到6月前后，牧民会拔起帐篷杆，把帐篷收起叠放，驮在牦牛背上，转到夏季牧场。传统里的远距离的游牧如今已经不复存在了，但为了间牧，合理利用草原资源，逐水草而居，牧民仍然需要在冬季牧场和夏季牧场，有的地方还可能加上秋季牧场之间往返游牧。

每天早晚给母牦牛挤两次奶，通常是牧人家庭主妇的工作。母牦牛通常在3岁开始产犊后就要开始挤奶了。黎明时分，喝上刚刚挤出的带着母牦牛体温的鲜奶，是牧人最大的享受，也是牧童最好的营养。除了饮用的鲜奶，牧人还要把鲜奶煮沸，提炼出酥油，做出奶皮，加工奶酪，淘出奶渣，剩余的“达拉”水（提取油脂后的水），可以饮用，也可以喂食牲畜。

进入7月，这是草原的黄金时节，也是高原气候最暖和的季节。牦牛经过夏季牧草的滋养，浑身毛绒厚实。这时，男性牧人最主要的工作是剪毛抓绒。剪下毛绒，要将粗毛和细绒分类，它们有不同的用途和不等的经济价值，这是牧业生产的一项重要经济来源。

9月前后，抓膘配种开始。平时远离畜群的种公牛，嗅着母牛发情的气味来到母牦牛群，寻找交媾对象。此时的草原上，每天都会出现种公牦牛追逐母牦牛或与其他种公牦牛角斗、争夺交配权的场景。种公牦牛最佳配种年龄为4—8岁，最佳配种年限在5年左右。牧人们要安排适当的场地、适当的母牦牛群，有计划、分批次，投群配种。牦牛的配种受胎率一般在90%以上。

到10—11月，冬季来临，牧人又要从夏季牧场迁到冬季牧场，俗称“冬窝子”。冬季牧场一般选择在背山面水、避风向阳的环境，这里的牧草经过一个夏季的休牧，长势较好，有利于牧人和牲畜在这里度过冰雪严寒的冬季。

每年11—12月，是冬宰季节，也是高原牧人最为纠结的时刻。平时他们待牦牛如若家人，牦牛为牧人尽心尽力，奉献所有，但毕竟畜牧业作为一种经济形态，最后还是宰杀取肉、卖肉兑币的。通常牧人会请他人代为宰杀，或者请来专事屠宰者，或者送到如今已有的专业屠宰场，尽可能不自己动手去宰杀自家的牦牛。宰杀场地也要尽量避开牦牛日常出牧和归牧的地点，以免其他牦牛看到自己的同伴被宰杀而悲伤流泪。牧人宰杀牦牛时，还要为牦牛念经超度。宰杀后，牦牛的头角还会被置放在牧人的帐篷前，或者山隘路口，为世人消灾避邪，祈求吉祥。

对于牧人而言，冬季是一段难熬的时光。漫天大雪常常会在一个夜晚把草原变成冰原，牧草也会覆盖在冰雪之下。这时，牧人会拿出秋季收割、储存下来的牧草，喂食牦牛。牦牛也会拱开冰雪，寻食牧草。抗灾保畜，几乎是每一个冬天的主题。就这样一直熬到春季来临，又一轮接犊时节到来，草原又开始新的生机。

进入现代畜牧业经济时期后，要求牧人按照市场规律，去改变“惜杀”的传统观念，就是要提前适时宰杀，提高牦牛出栏率，减轻草原的载畜量，以草定畜，维持草原生态平衡，但这往往与牧民心理不相合。传统观念中，牧人常常会以家庭拥有的牦牛数量作为财富的标志，不愿意多杀或早杀。因此，在高原牧区，基层干部每年都要费很大精力，向牧民做思想工作和宣传工作，以期改变他们的传统经营观念。

日复一日，季复一季，年复一年，牦牛驮着春夏秋冬，驮着日月星辰，伴随着高原牧人走过千年岁月。

第十三章
迢迢千里驮盐路

在牦牛漫长的劳役生涯中，最为艰难的当属盐粮交换的驮运路了。

在传统西藏区域，牧区不能种植粮食，而农区没有食盐。盐巴产区是在遥远的藏北西部，主要是申扎、班戈、尼玛、双湖一带的盐湖；粮食产区则主要在雅鲁藏布江两岸的山南和年楚河流域的日喀则，之间相隔上千千米，盐粮交换要靠牧人赶着大群的牦牛来完成。

在布达拉宫东大殿后廊墙壁有一幅壁画，画面中间是一位骑手，猎获了一头野牦牛，画面左上方盘坐的是莲花生大师。僧人解读说，那是莲花生大师开启，指着那野牦牛嘴唇上的白色，那就是盐，是从北方高地过来的。于是，人们就到藏北去取盐。

盐湖所在地基本都在海拔4700—5000米的极高高原，接近无人区，有的实际上就是无人区，环境气候极为恶劣，淡水资源稀缺。

驮盐人通常5—7人为一组，通常是冬春之交的季节，赶着100—200头甚至更多的牦牛，从家乡出发，先去往北方，到达盐湖，收集盐巴，装上驮袋，再折向南行，回到家乡牧村。到秋季农作物收获季节，再次出发到达藏南农区，换取青稞，然后再折回藏北家乡，这两趟，往返大约1500千米，耗时约两个月。

无论对于牧人，还是对于牦牛，这都是极为艰苦的劳作。每头牦牛大约负重60千克，每天行走15—20千米。驮运的牧人，每天早晨要给牦牛装驮，每天下午要给牦牛卸驮，一个驮队就是上万千克重。卸驮的牦牛就近放牧。驮盐路上没有村落，每天都要自己支帐篷、卸帐篷，自己烧水、煮茶、煮肉，卸驮后的牦牛要趁这个时候寻食牧草，补充养分。每天扎营过夜时，要把牦牛拴好，并排成阵列，头角一致向外，护卫帐篷主人，以防野兽袭击。逢到水草较好的地方，则让牦牛休息几天，寻食牧草，恢复体力。所以，驮盐过程同时也是游牧过程。

驮盐这项传统劳作，延续了几千年。一场驮盐，一两个月餐风宿雪，崎岖跋涉，一边驮运，一边放牧，驮盐人经历了超限劳累，回到家中亲人几乎都难以相认。因此，在高原牧区的许多地方，牧人的成长标志之一，就是驮盐。人们会问年轻牧人，你驮过盐没有？如果驮过盐，那就是牧人的自豪。牦牛也是同样，人们会问，你家的牦牛驮过盐没有？如果驮过盐，那也是主人的骄傲。

千里迢迢驮盐路，总有风雪和坎坷，有的甚至是性命攸关，因此，驮盐，被赋予了某种神秘的色彩。驮盐团组通常会有一位首领，驮盐人皆为男性，在出发之前，首领会向所有驮盐人告知，在驮盐路上会有很多规矩，特别是有很多禁忌，是为了确保驮盐过程的人畜平安。驮盐路上不能随便说话，要说一种“盐语”。“盐语”虽然也是藏语，但对很多事与物，不能用日常词汇，只能用一种代称。在驮盐期间，不能谈论女人或与男女性关系相关的话题。每天扎下帐篷后，首领会带领成员念诵经文。驮盐路上，可以唱歌，但不能唱情歌，而是有专门的盐歌。盐湖，在藏语里称为“察卡”，但驮盐人不能直呼“察卡”之名，而称盐湖为“阿妈”。的确，盐，乃百味之母。初见盐湖和离开盐湖时，都要行跪拜礼，感恩盐湖母亲。也有的地方是把盐湖当作女神，盐语中要尽量用夸张的语言去讨好盐湖女神。

如，驮盐歌一段：

北方的十二座伏藏湖，

是好汉苦行的好地方；

盐湖的宝藏无穷尽啊，

是我有福人的好去处；

我好汉今日来北方，

我赶着白蹄驮牛来；

我骑着走马来盐湖，

想拜访盐湖母亲您……

1957年，藏北班戈县的草原上的一个牧民家庭，出生了一个孩子，家中全无文化，却给他取了一个很有文采的名字：嘉央西热，意思是文殊智慧。嘉央西热从小在草原上放牧，到14岁还没有进过小学校门。他的童年逢上了“文革”，嘉央西热只能在草原放牧牦牛时自己拿着藏汉文对照的《毛主席语录》，先是认识几个藏文字母，还记住了汉字的模样，但不会念出汉语。这位沉默寡语的小牧民，后来当过地区文化局副局长、县委副书记，最后还居然成了一位用汉文写作的诗人、作家，甚至还当上了西藏作家协会副主席。嘉央西热对牦牛、对驮盐非常了解，曾经多次参加过驮盐。但只是到40多岁才真正认识到驮盐的意义，对牧区历史的意义，对生产方式和生活方式的意义，对文学创作的意义。于是，他决定开始写作驮盐题材的作品。为此，他再次参加了他的家乡的一次驮盐。但这次不再是以驮盐人的身份，而是以作家的身份去驮盐。

▲ 图13-1　嘉央西热照片（1957—2004），牧民出身的作家、诗人

嘉央西热以田野调查的形式和方法，关注了驮盐的每一个细节，从准备、启程、跋涉，装盐、驮盐、卸盐、交换粮食，到驮盐团组的人物、事件，以非虚构的方式，记录了这种传统劳作方式。他写作时的20世纪90年代，汽车已经进入高原牧民家庭，很多地方已经用汽车运输取代了牦牛驮盐。所以，嘉央西热把自己的这部作品命名为《西藏最后的驮队》，这部作品出版后获得了鲁迅文学奖（报告文学

奖），他是获得这个奖项的第一位藏族作家。遗憾的是，他本人没有能够亲自到北京领取这项难得的荣誉。在颁奖前，47岁的嘉央西热因病英年早逝。正如这本书名一样，西藏这种传统的驮盐方式已经消失，他记录的驮队，真正成了《西藏最后的驮队》。

Δ 图13-2
嘉央西热所著《西藏最后的驮队》书影

之后，由嘉央西热生前撰稿并作向导、中日合作拍摄的《漫漫驮盐路》，在东京放映。

第十四章
“牦牛之子”兴牛业

对于高原牧人而言，牦牛到底意味着什么？

藏族学者才让当智写道：“在青藏高原上，牦牛很早就先于人类生活于广袤无垠的大蓝山中，并和人类一道守护这片神圣的净土，这就是高原人民世世代代敬重牦牛，并结伴积淀高原文明的缘由所在。在此，对于高原人民而言，牦牛是永远的祖先，是祖父母，是父母，是兄弟姐妹，是子女，是朋友伙伴，是邻家亲戚……”

2017年，青海玉树州举办了牦牛文化高峰论坛，青海省玉树藏族自治州畜牧局局长才仁扎西登台演讲，第一句话就说：“我是牦牛的儿子。”

才仁扎西出生在平均海拔4700米以上的长江北源的曲麻莱草原上，父亲就是种畜场的牧工，他自幼就跟牦牛在一起。第一次离开家乡牧村到县城去上小学，家人把他放在牦牛背上的牦牛皮囊作的摇篮里，在牦牛背上晃荡了六七天才到县城。因为对牦牛司空见惯，所以并不会有特别的感觉。20世纪80年代初，十世班禅大师到青海牧区视察工作，远近的牧民群众纷纷前来朝拜。才仁扎西的父亲所在的牧场向班禅大师敬献了一头牦牛。才仁扎西看到，万千信众都是向班禅大师敬献哈达，而班禅大师却亲自向这头牦牛敬献了哈达，他感到特别奇怪也特别震惊。

后来，才仁扎西当上了干部，从村到乡、到县、到州，大都是畜牧工作，都是跟牦牛打交道，他越来越深刻地认识到牦牛对于本地区经济的重要性、对于民族产业、民族文化的重要性。他说，我的一切都是牦牛给予的，我一生最爱的就是牦牛。

玉树州是青海省的牦牛大州，有近200万头牦牛。才仁扎西注意到一个现象，就是因为牦牛产区过去比较封闭，牦牛种群近亲繁殖，导致牦牛品种退化。退化后的牦牛身材矮小，产肉量少，并且代代渐弱。才仁扎西还在乡里工作时，他就建立了野牦牛保护协会、野牦牛繁育协会，希望通过采集野牦牛基因来改良家养牦牛的品种。这一复壮技术最早是中国农业科学院兰州畜牧与兽医研究所提出来的，他们通过野牦牛基因培育出了大通牦牛这个新品种。但改良品种并不是一件容易的事情，各地实施起来也进展不一。

后来才仁扎西当上了玉树州畜牧局局长，他一心要发展牦牛产业，要让牦牛成为玉树州的象征。从2013年开始，玉树推出了“野

▽图14-1　在长江源头的治多县为获奖的种公牦牛献哈达

图 14-2

青海杂多县的牦牛文化节

血牦牛”计划，就是采集野牦牛精液，通过人工辅助授精给家养母牦牛，进行品种改良。这样，母牦牛生下的牛犊，既有野牦牛的体格，又有家牦牛的温驯。为此，才仁扎西在玉树州开展了一年一度的优良种公牛评选暨牦牛文化高峰论坛。这一措施可算是抓到了关键节点。没有人工干预，任凭品种退化，发展牦牛产业必然只是一句空话。所以，每年夏天，州畜牧局在玉树州的六个县轮流举办这项活动。起初还担心各个县的积极性不高，有形式主义之嫌。没想到，各个县踊跃争办牦牛文化节。

每逢此盛会，各个县、乡都会把自己的优良种公牛用汽车运到举办地。那个场景，几乎就是一个牦牛博览会，现场彩旗飘扬，围观的城乡人群都有几万人。他们请来省内外专家按照严格的标准，对种公牛的外貌、体重、体高、体斜长、胸围、管围等进行测量评分，最后决出一二三等奖并设立奖金。对于牧养牦牛的牧民而言，奖金固然重要（其实牧民收入是比较高的），但更重要的是牧人的荣誉，获得奖项的牦牛和牧人同样光彩，会在牦牛之乡广为传播，受人尊敬。

▽ 图 14-3
牦牛文化节上的牦牛舞

Δ 图 14-4 牦牛文化节上展示的用牦牛粪制作的塑像

与此同时，才仁扎西从北京、兰州、西宁、拉萨等地请来包括历史、文化、生态、科技等各方面专家学者，到牦牛文化高峰论坛上尽情畅谈，每次论坛还要出版一部论文集，书名曰《至尊至圣》。

这一举措，在牦牛产区产生了广泛积极的影响。复壮技术收到了明显的成效，不但在本州推广了野血牦牛，其他牦牛产区也纷纷来玉树引进野血牦牛良种。每年一度的牦牛文化节也成为长江源、黄河源、澜沧江源辽阔草原上牧民欢腾的节日。

第十五章 牦牛走进博物馆

▲ 图 15-1 西藏牦牛博物馆

1977年，是笔者大学毕业进藏工作的第二年。那年冬天，我所在的藏北嘉黎县遭受严重雪灾。我从那曲镇跟随运送救灾物资的车队去往嘉黎县。全程只有300多千米，中间要经过一座阿伊拉雪山，山谷是一个风口，一下大雪，就被大风刮到山谷里。我们的车队行进到阿伊拉山就遭遇暴风暴雪，局部积雪达四米之厚，整个车队十几台车像被埋在雪里，道班的推雪机也瘫痪在那里。我们既不能前进，也不能后退。夜晚气温降到零下30多摄氏度，冻伤了好多人。我第一次见识，原来冻伤有多么厉害，一位朋友的耳朵冻得像猪耳朵那么大，里面全是透明的液体，还有一位朋友的手指冻坏了，此后再也不能伸直。搭乘这些卡车的总共有二三十人，那个山谷里只有一间十几平方米的修路工人的道班，里面生着一小堆牦牛粪火，我们只好轮流进去取一会儿暖，还要照顾其中的老人和孩子。没有吃的，只好从车上的救灾物资中抓出一把喂牲畜的麸皮来充饥。经过五天四夜，弹尽粮绝，饥寒交迫，感觉这回算是死定了。

当时没有通信工具。县里跟地区通过老式的无线电台联系，问抗灾物资怎么还没运到哇？地区回电说，已经出发好几天了。县里一下就明白了，那一定是困在了阿伊拉山。于是，组织全县干部群众回家烙饼子，集中起来，统一送往阿伊拉山。先是派出一辆当时最高级的212型北京吉普车，送到桑巴区，汽车在雪地走不动了；再由桑巴区派出一队马匹，继续前行；到林堤乡，积雪都没过马肚，也走不动了；于是，林堤乡组织了几十头牦牛，前面的牦牛从厚厚的积雪中蹚开一条路，后面的牦牛驮着几大麻袋饼子，跟进前行。

就在我们几乎绝望之时，听到嚓嚓的踏雪声响，远处有黑色的身影蠕动，那是牦牛！牦牛过来了！跟随牦牛过来的干部和牧民从牦牛背上卸下麻袋，拿出饼子——我们得救了！当时，很多人捧着饼子，看着喘着粗气冒着白雾的牦牛，一边啃一边哭，都说是牦牛救了我们的命！

高原牧区有一个词：藏语念作“辰曲“，译成汉语为“恩畜”。这一次，我们真正体会到什么叫“恩畜”了。

实际上，在风雪高原，牦牛救人的例子很多，例如，识途识人的牦牛，把牧场上生病或受伤的牧人背回家来。牦牛是一种反刍动物，夜晚的警惕性特别高，有的牦牛用双角顶着来犯的野兽，守卫主人。

在一些偏远牧区，牧人去世后，是牦牛驮着遗体去往天葬台的。所以牧人感叹，我们人生最后的路，是牦牛伴随的。牦牛的确是恩畜。

西藏著名的已故历史学家恰白·次旦平措先生曾经说过，在历史上，牦牛对于我们藏族有过很多恩惠，藏族是一个懂得感恩的民族，我们应该感恩牦牛啊！

Δ 图 15-2　西藏历史学家恰白·次旦平措先生

阿伊拉雪灾的遭遇过去了30多年，笔者一直忘不了牦牛救命之恩，梦里都是它们的形象。终于在2010年的一个冬夜，做梦起意要为牦牛建一座博物馆。

为此，本人辞去官职，离开首都北京，再度奔赴西藏，创建牦牛博物馆。在几万千米的田野调查过程中，几乎走遍牦牛产区，真正体会了牦牛在高原牧区生产生活中的重要性，体会了藏人与牦牛的关系，体会到牦牛驮载的西藏历史和文化。

2014年5月18日国际博物馆日，西藏牦牛博物馆建成开馆。从创建至今，十年过去了，牦牛不仅走进了博物馆，而且走进了北京、广州、南京、杭州等地，到祖国各地传播牦牛驮载的西藏历史和文化。2020年12月21日，西藏牦牛博物馆获评国家二级博物馆。当地藏族群众称其为“亚颇章”，意思是“牦牛宫殿”。

建馆多年后，笔者发表了一篇文章《温情与敬意——试论西藏牦牛博物馆的风格》，论述西藏牦牛博物馆的风格：

> 一座博物馆，因其地域、领域、疆域和规制、规模、规格及类型、类别的不同，客观上形成差异，因而无法用统一的尺度标准进行评价。但是，馆舍无论大小，投资无论巨微，藏品无论多寡，博物馆毕竟是由不同专业不同禀赋的博物馆人创造的，以他们的思想、理念、价值、水准来决定一座博物馆的构架、展陈、传播，必然形成一定的不同的风格，亦可由风格而论之。或为宏伟，或为广博，或为深邃，或为精致，或为神秘，或为肃穆，或为欢愉，或为奇妙……因而，进入一座博物馆，参观一场展览，品鉴一件藏品，都是沉浸于一种风格之中。
>
> 西藏牦牛博物馆作为一座专题博物馆，馆舍不谓之大，藏品不谓之丰，级别不谓之高，但观众多为之震撼，为之感动，可能的原因之一，是其在理念、创意、架构、布展等方

Δ 图 15-3
西藏牦牛博物馆大堂

面所体现出来的风格，其风格可以借用钱穆先生在《国史大纲》序言里所用语，即对本国历史一定了解的基础上生发的“温情与敬意”。

这种风格首先体现在西藏牦牛博物馆的主旨：“牦牛驮载的西藏历史和文化。”

透过这12个字，仿佛可以使人看到，一群群牦牛从遥远的年代、从苍茫的风雪走来，那个由他们驯养、又由它们养育的高原族人，几千年来，在世界之巅创造了悠久的历史和灿烂的文明。这是我们人类文明宏伟进程中的一个传奇故事。这12个字也表明，这座博物馆不是一座动物博物馆，而是一座以牦牛为载体，讲述牦牛与藏族关系的文化人类学

Δ 图 15-4
西藏牦牛博物馆《感恩牦牛》厅

博物馆。为什么要建一座牦牛博物馆，就是要展示牦牛与藏族的关系，展示藏族通过牦牛、并与牦牛一起创造的高原文化。

进入“感恩牦牛”厅，玛尼堆上的野牦牛头骨、穹廓的家牦牛头骨与穹顶上的舞蹈着的高原藏人遥相呼应，艺术地再现了藏族驯养了牦牛，牦牛养育了藏族，表达了高原藏人对于牦牛的感恩之情，也唤起观众对于高原人民和历史的敬意。穹廓上的牦牛头来自普通的牧民捐赠，它们曾经是他们的家庭一员，为这个家的生存、延续和发展做出过贡献，牧民观众到这里甚至可以叫出它的名字。

牦牛博物馆的四个展厅的牌匾，均用牦牛皮刻字而成，具有温暖的可触摸感。博物馆内的立柱与横檐上，均装饰有抽象的牦牛头，使人处处可感牦牛之魂的存在，唤起人们对牦牛的记忆与敬意。

在《相伴牦牛》厅农牧区的复原场景中，尤其原汁原味的牦牛毛帐篷，是请藏北牧民来搭建陈列布置的，因此，其真实感吸引了本地和外地观众。有的牧民惊喜地看到自己千百年来的家出现在这座现代化的博物馆当中，有着特别的亲切感。而外地的观众，在条件允许时进入小坐，听着工作人员的解说，则有完全置身于牧民家中的感觉。本馆工作人员把帐篷旁边的牦牛粪称作“镇馆之宝”，虽有幽默成分，也的确是因为几千年来牦牛粪伴随着牧人度过了凛凛寒冬和漫漫长夜，有似于汉地“薪火相传”，可称作“粪火相传”。

在“功勋之舟”一单元，展示了毛泽东主席对长征时期中国工农红军得到藏族人民的帮助念念不忘，对天宝同志说，你们民族真伟大，你家乡的老百姓真好，甚至说：“中国革命在某种意义上说，是‘牦牛革命’。”在人民解放军进军西藏时藏族人民赶着牦牛支援前线，老战士们把牦牛称作“无言的战友”，“如果说淮海战役的胜利是人民群众用小车推出来的，那么，西藏和平解放的胜利，是党的政策的胜利，也是藏族人民用牦牛驮出来的”。可谓感人至深。

这个厅还通过数百件藏品的展示，表现了牦牛与藏人的关系，成就了高原族群的衣食住行运烧耕，涉及高原的政教商战娱医文，于细微之中彰显出崇高和博大。

在摄影作品《牦牛眼》前，观众会情不自禁地与其互动，在凝视与被凝视之间，去理解人类与牦牛的关系，寻找与牦牛对视的感觉。

《灵美牦牛》厅中，最夺人眼目的是新石器时代的岩画复制墙和岩画原件，那些牦牛和牧人，那长长的驮队，从何而来、往何而去？让我们这些后人想象：究竟是什么人、为什么在石壁上留下这些文明的印记？

这个厅陈列的诸多从古至今的艺术作品，展示了高原族群对于牦牛的描绘和想象。其中，藏族女画家雍忠卓玛的《我与它》，真切地表现了她本人幼年作为牧女与牦牛之间的情感，让人动容。如果我们放大来看，不是能够看到一个人类族群与一个动物种群的悠远关系吗？

在《灵美牦牛》厅，还可以看到布达拉宫、罗布林卡、萨迦寺、古格王朝、东嘎皮央的壁画临摹作品，可以想见历代艺术家对于牦牛的艺术描绘；还可以从难得一见的珍贵文物中，看到牦牛作为一种图腾，曾经是如此辉煌，它俨然不只是一种动物，而成为高原的魂灵，能不对其充满敬意吗？

如果我们回到大堂，再品味一下牦牛品性：憨厚、忠勇、悲悯、尽命，就会更进一步感受着这座博物馆的风格，不仅仅是满足某种好奇，也不仅仅是领略某种异域风情，更不是产业体验以文兴商，而是通过观看展览，油然生发出对于“牦牛驮载的西藏历史和文化”的“温情与敬意”。

第十六章
牧民曲扎画牦牛

2016年12月15日，《牦牛走进北京——高原牦牛文化展》在首都博物馆开幕。一位身穿藏袍的西藏牧民用藏语致辞说："这是感动的一天，我们跟随我们养育的牦牛走进了北京。这是历史上的第一次。"

▲图16-1 牧民曲扎

这个牧民叫曲扎。

曲扎的家乡在山南加查县，他的家距离县城不远。是在西藏牦牛博物馆筹备办工作人员次旦卓嘎去加查进行田野调查时结识的。当地人已经很少牧养牦牛了，很多人都开始做点与旅游相关的小生意，因为牧养牦牛实在是太辛苦了。而曲扎却在高山牧场牧养了300多头牦牛，其中有的还是被其他人遗弃的病牛和残牛。他的高山牧场与他居住的家海拔相差1000多米，他的家靠近城镇，气候温暖，生活便利，门前一棵几百年的核桃树，每年采摘的核桃就能有不菲的收入。但他长年住在高山上，气候寒冷，生活极为简陋，几天才下山取一些物品，日夜照看着牦牛。曲扎家的牦牛也不宰杀，只用来挤奶打酥油，做一些奶制品，以供应市场，换取收入。

曲扎可以说得上是一位多面手，他既是牧民，又是农民；既是木匠，又是画匠；既会生意，还会开车，更重要的，他甚至还是一位民间思想家。曲扎说，我们的历史、我们的文化、我们的生活，哪一点跟牦牛没有关系呢？每个民族都有自己的特点，因为牦牛，我们藏族跟其他民族有了不同。要是将来牦牛消失了，我们藏族可能也就消失了。

当曲扎得知拉萨要建一座牦牛博物馆时，他非常惊喜，感觉这件事情与他的想象太切合了。他觉得自己找到了知音。他这才跟人说起自己牧养牦牛的初衷，那就是他认识到的牦牛与藏族的关系，他说，牦牛与藏族可以说生死相依，他觉得藏族如果没有牦牛是不可想象的。曲扎天然地理解了牦牛博物馆的意义，把自己家保存的与牦牛相关的物品捐赠出来，并表示愿意为牦牛博物馆做任何事情。

西藏牦牛博物馆得知曲扎是一位无师自通的民间画匠，而博物馆的第一展厅叫“感恩牦牛”厅，入口处有一间类似于寺庙护法殿的小空间，便很希望他能来把他心中的牦牛描绘出来。曲扎来到拉萨，牦牛博物馆还正在装修过程中，他了解过博物馆的全部设计后，在杂乱的工地开始了他的创作。他只有三天时间，因为当时正值挖虫草季节，这是当地牧民每年最重要的现金收入，季节性很强，是不能耽误的。博物馆很担心他三天时间不能完成的话，会耽误开馆。曲扎说，我能完成。曲扎问，你们希望我画什么？博物馆说，你愿意画什么、怎么画都行。

于是，曲扎自己在那个空间想了想就开始画了。他的创作没有底稿，先把黑色颜料涂满空间，再用手指甲划上一道印，然后描上金线。这个空间一共三面墙壁和一处顶棚，曲扎先在左侧墙壁上画上牧区生活中的牧人与牦牛的场景，再在右侧墙壁上画上农区生活中的农民与牦牛的场景，在顶棚画上牦牛图案，而在正面墙壁上，这个从未学习过西洋绘画的牧民，居然画出了一幅抽象画——他把牦牛的双角，想象成为两座雪山；双角之间的对面峰，被想象成为太阳；牦牛额头的鬈毛，被想象成为河流，流淌的河水中还隐藏着藏文中的牦牛“亚”；牦牛的两只眼睛被想象成湖泊；牦牛的颊骨，被想象成崖石立柱；从这具牦牛头两侧，铺展开辽阔的原野。整个空间只有黑色和金色两个颜色，非常简约，也非常肃穆。

三天时间，曲扎完成了这个空间的壁画创作，他匆匆忙忙搭乘长

◁图 16-2　绘制工地现场

◁图 16-3　牧民曲扎所画牦牛抽象图

途客车赶回家乡，挖虫草去了。临行前，他在工地上捡了一张水泥袋纸片，写下一段藏文，译成汉文是这样的："作为一个养牦牛的牧人，我要向牦牛博物馆全体工作人员致敬。你们办牦牛博物馆，就是在传承和弘扬西藏民族民间文化。我们都热爱西藏文化，我们是兄弟，因为我们身上都流着同样的血。"

曲扎再次来到牦牛博物馆时，这个博物馆已经正式开放。他带着家人仔细地参观了全部展览，之后在留言簿上写道："到寺庙可以拿到被活佛加持过的甘露丸，到牦牛博物馆则可以看到我们自己的历史和文化，这比甘露丸更为珍贵。"曲扎对牦牛博物馆非常满意，认为这才是真正的西藏文化，他自己的作品能够在牦牛博物馆里展出，非常自豪。当他看到博物馆大堂上的匾额关于牦牛品性的提炼："憨厚、忠勇、悲悯、尽命"，曲扎说，这是牦牛的品性，其实我们牧民也是这样的。

此后，曲扎绘制的壁画，被很多观众赞赏，有的外国观众甚至赞叹这位画家是"牧民中的毕加索"。

实际上，有关牦牛的艺术，在各个艺术形式中都比较丰富，涉及文学、绘画、书法、雕塑、音乐和影视等。仅从绘画而言，在藏地的岩画、壁画、唐卡比比皆是。而进入现当代，著名艺术大师都把牦牛作为绘画的重要题材，董希文、吴作人、吴冠中、李可染等大师都曾创作过牦牛题材的作品；活跃在画坛的当代艺术家，很多都到高原深入生活，创作出与牦牛相关的作品，几乎到"无牦牛，不西藏"的程度。因而，牦牛在艺术当中，也成了西藏的象征。在西藏牦牛博物馆的"灵美牦牛"厅，则陈列着当代艺术家韩书力、敬庭尧、裴庄欣、于小冬、李津、冯峰、臧跃军、刘晓宁、蒋致鑫、昂桑、亚次旦、雍忠卓玛、次仁卓玛等一大批艺术家创作和捐赠的牦牛题材的作品。

第十七章
牦牛宝藏铭春秋

很多人不解地问：牦牛博物馆？牦牛博物馆里能有什么东西呢？

牦牛博物馆展示的首先是一种生产方式、生活方式、生存方式，是牦牛驮载的西藏历史和文化。从博物馆而言，这个理念需要藏品来支撑。自筹建、开馆到现在，西藏牦牛博物馆已经有6800多件藏品。这些藏品上及新石器时代，下至现当代，涉及考古、民俗、政治、宗教、军事、医药、皮革、编织、艺术、工艺等多个领域和学科。

著名作家、北京十月文艺出版社原副总编辑龙冬先生作为西藏牦牛博物馆筹建主任助理，亲历了筹备建设和藏品收集过程，撰写了一篇《西藏牦牛博物馆藏品抒情》，被收入《感恩与探索——高原牦牛文化论文集》一书。征得作者同意，现摘录若干列后。

牦牛帐篷

帐篷是牧人的家。牦牛帐篷为黑色，藏语叫“芭”，或“扎纳”，即黑帐篷。这一顶典型的藏北牧区实用帐篷，用牦牛毛编织。除了携带方便，这帐篷在晴天，它的编织结点自然松弛，张开缝隙以便通风散烟。雨天，帐篷会迅速收缩，密不透风，雨水也渗不进来。帐篷里有泥土砌成的炉灶，有佛龛。地上铺着藏毯和卡垫。

Δ 图 17-1　牦牛毛帐篷

西藏牦牛博物馆《相伴牦牛》厅场景

牦牛皮箱

牦牛皮箱有大有小。一般多以木板木片结构成型，外面包裹牦牛皮，起到耐用效果。箱体牛皮有用朱砂打底，饰以轧花錾刻髹漆金属毛皮诸多工艺和材料，也有用金汁描绘的鸳鸯团花卷草等等吉祥图案。小件多为首饰盒，是社会上层妇女和贵族妇女必需品。牛皮箱所有边角均由熟铁铸件铆实。大件多为达官贵人或寺庙专用。饰有宗教内容图案的，是寺庙用来装法器唐卡壁挂的箱子。

藏地日用手工制品，全是就地取材，物尽其用。由此明显看到人的生活智慧和审美情趣。箱盖拴系也用牛皮绳，真是什么都离不开牦牛皮。大件皮箱，藏语称之为“郭刚”。我到城市一些藏人家里，以至国外藏学家的工作室和藏人家庭，总能见到这类藏式牛皮箱两三个摞着贴墙摆放，或是置于客厅一角，作为装饰。甚至不少宾馆饭店，也喜欢用“郭刚”装饰走廊厅堂。牛皮箱，它是藏人居家生活的必备和富有的象征，它是藏人同藏文化的身份符号，是他们为之得意的工艺审美。

◁图 17-2　牦牛牛皮箱
（刘杰 手绘）

Δ 图 17-3
牦牛皮盘和皮胎漆碗
（刘杰 手绘）

牦牛皮盘和皮胎漆碗

初次见到牦牛皮盘，多数人会认它为漆器，红黑色彩，很像内地汉墓出土精美器物。

皮革加工属于游牧民族独特的传统工艺，就地取材，经过鞣皮、制革、模轧、雕刻、涂色等工艺，制作出生产、生活与战争工具。牛皮盘在藏族以往日用中比较多见，宴会或节日庆典用来盛放水果、干果和点心以待宾客。盘中绘有水纹，盘心是阴阳如意喜旋图，借用宗教符号祈求幸福吉祥，盘底还写汉文团字“寿”。

Δ 图 17-4　牦牛皮盘
西藏牦牛博物馆藏，国家二级文物

皮胎漆碗以牛皮为胎，内外施加厚重髹漆工艺，颇具实用功能，也十分美观。电影电视剧里，我们看到拉萨人家，即使贵族人家，桌案上使用瓷器盘碗杯盏，不能说严重的不准确，却总不如使用牛皮碗盘准确，或者要用瘿子木镟出的口沿圈足饰以铜箔的碗盘杯盏。

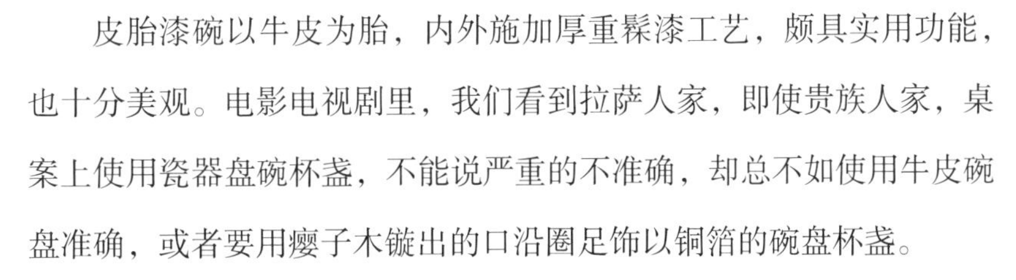

藏人生活亲近自然，他们的日用制作也直接取材于自然，很少过于繁复的材料工艺加工。瓷器在藏地，非常贵重珍惜，有如白玉，绝不会日常大量使用。为什么？千山万水，路途艰险，瓷器易碎，运输困难。

藏毯

藏毯用牦牛毛捻线编织而成，它在藏语农区有个称谓“溜”，牧区称谓“恰热”。我喜欢来自藏北民间的制作。红白黑粗细板块条纹相间，色彩简洁鲜明，表现出牧人心灵的粗犷与纯净。

藏毯也是今天“藏迷”的宠爱。他们会在内地的家和西藏的临时居所，用以饰壁，或铺在阳台上，铺在客厅中央，这样的格调是要说明主人的遥远心思和他们的艺术格调。

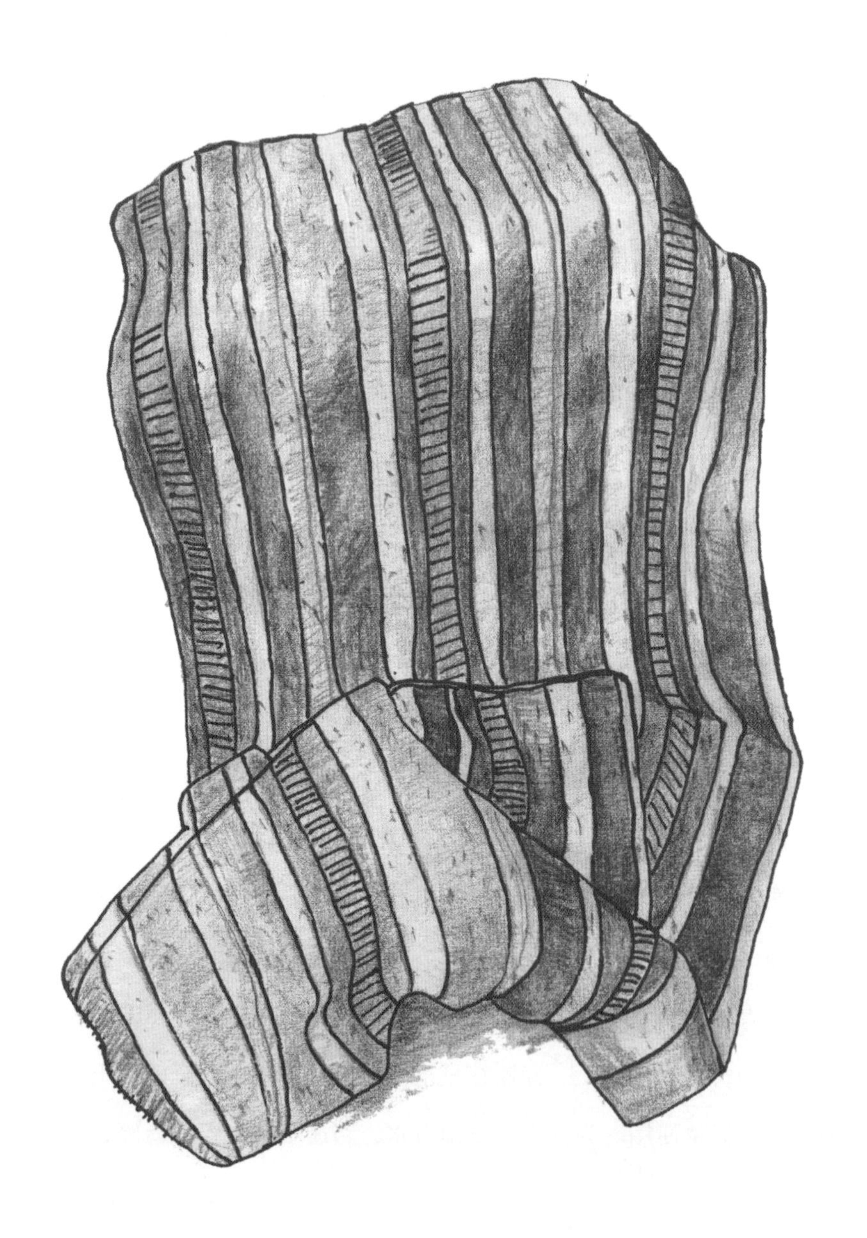

◁图17-5　藏毯
（刘杰 手绘）

火镰

火镰多是男人佩戴还是女人佩戴没有统计。我见到多由女人佩戴。这告诉我，藏族妇女在劳动生产和家庭生活中是举足轻重的角色。不能说妇女劳动辛苦就等同于受到压迫没有地位，自觉自愿地劳动，兴许地位更高。女人当家，这在藏人生活中是很平常的现象。火镰使用在牧区尤其普遍。牧人劳动生产经常处在流动迁徙中，风餐露宿，腰间佩挂火镰便于野外取火。使用时，拿火镰的镰刃反复敲击燧石即可冒出火星，取得火种。

火镰多以牦牛皮缝制而成，并且还要用龙凤、云纹、卷草等铜铁箔片装点，华丽者更有松石、珊瑚珠宝镶嵌。火镰即是生产生活工具，也是人们腰间佩戴的饰物。现在，有了火柴、打火机这些取火工具，火镰几乎演变成单一的佩饰，制作工艺颇为考究，成为牧区妇女着装的必需品。

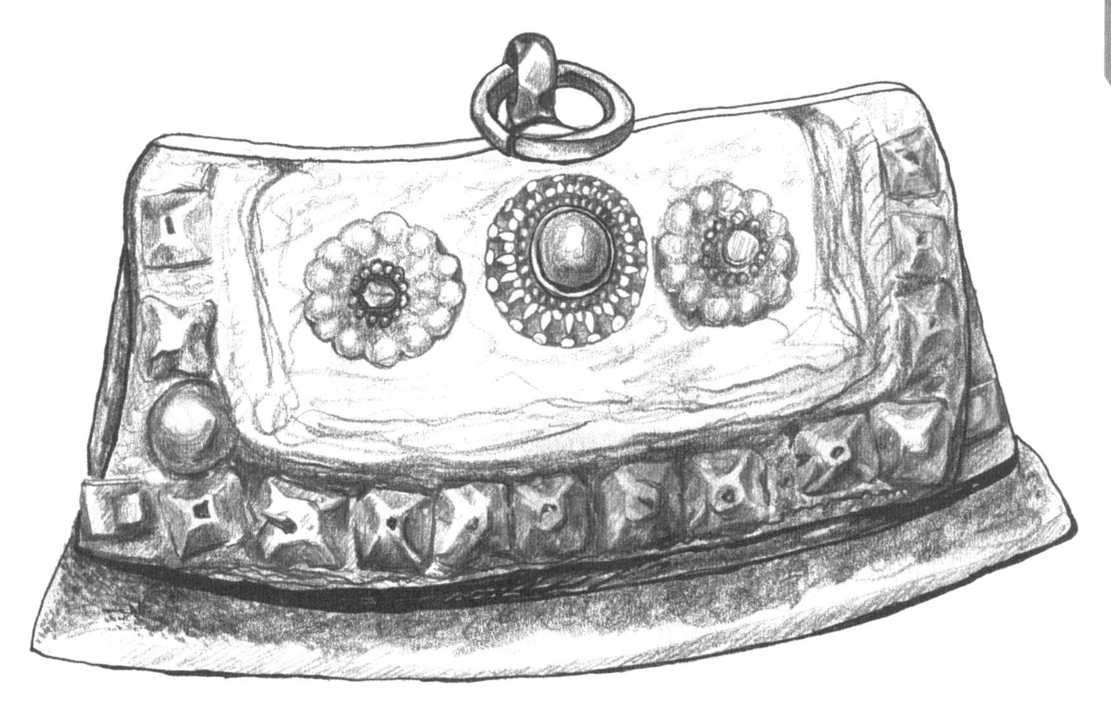

Δ 图 17-6　火镰（刘杰 手绘）

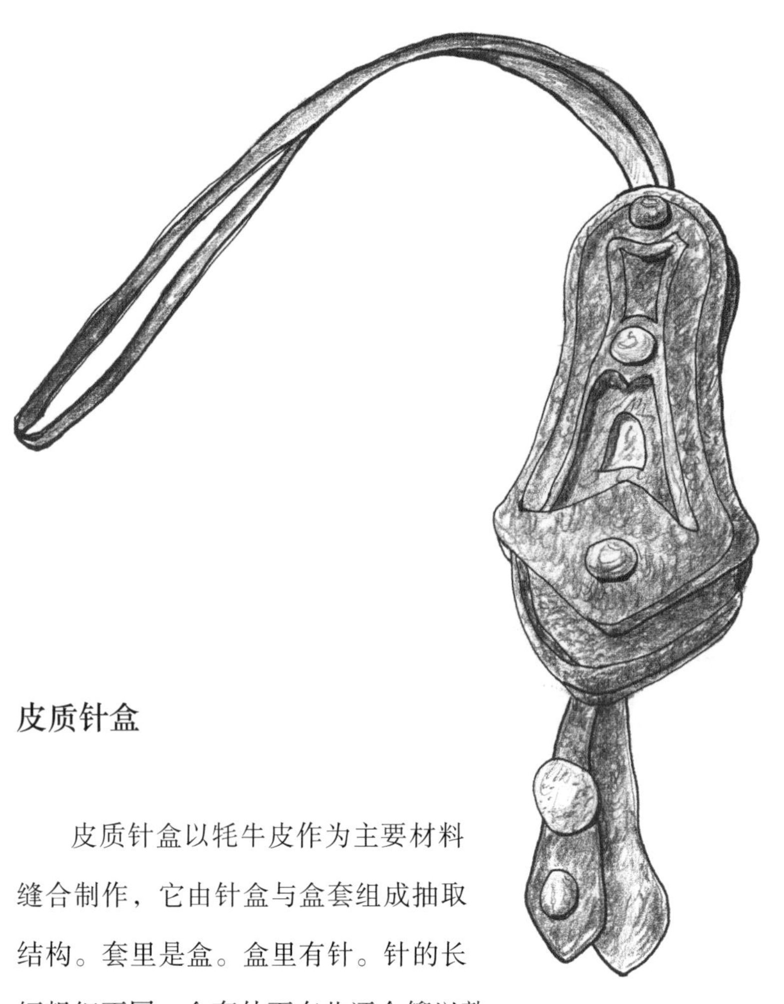

◁图 17-7
皮质针盒（刘杰 手绘）

皮质针盒

皮质针盒以牦牛皮作为主要材料缝合制作，它由针盒与盒套组成抽取结构。套里是盒。盒里有针。针的长短粗细不同。盒套外面有些还会铆以熟铁铆钉，起到装饰效果。此物多见诸农牧区，佩戴在腰际，便于劳动中随时取用。线在牦牛身上。需要缝纫的时候，可以随手从牦牛身上揪下几撮绒毛，捻成线。

酥油桶

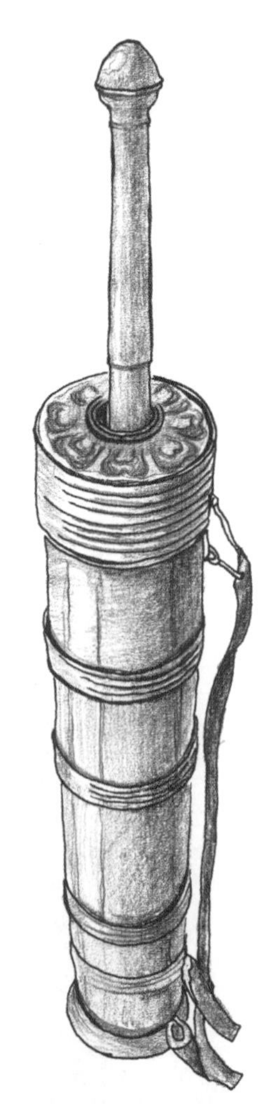

△图 17-8 酥油桶（刘杰 手绘）

酥油桶是藏地人家用来打茶的工具。先在酥油桶里放进几块酥油，再把烧开煮熟的砖茶水倒进酥油桶，加入少许盐巴，用搅棒上下提压搅拌，以使水乳交融。酥油是什么？酥油就是黄油，只不过酥油提炼于牦牛奶。

酥油桶多用木制，外面箍以黄铜或熟铁，口沿和底部有金属箔片镶嵌。精致讲究的，还会在金属上施以锤揲錾花工艺，图案多见卷草吉祥纹，非常美观。

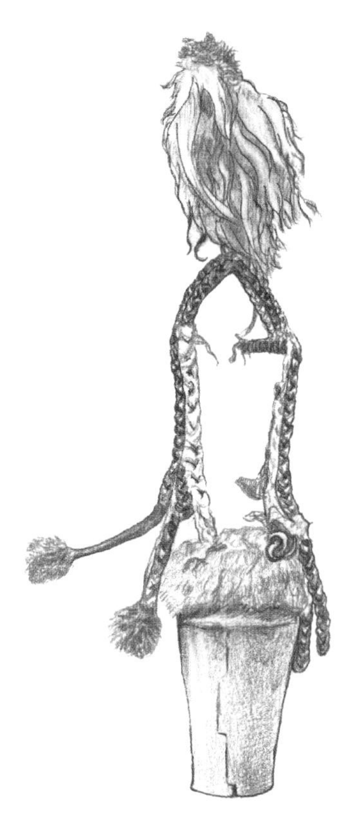

Δ 图 17-9
牦牛脖套响铃（刘杰 手绘）

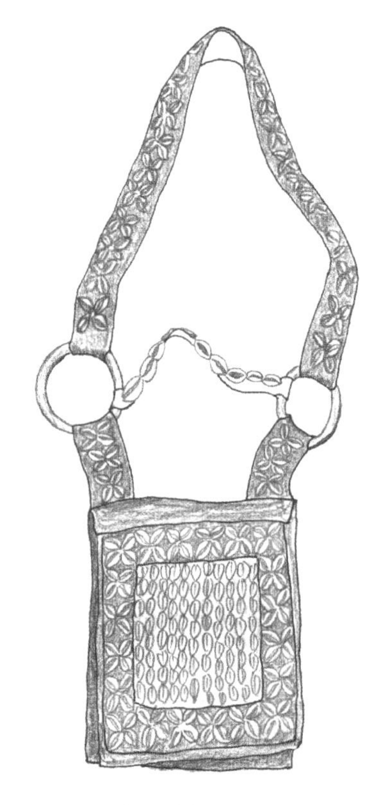

Δ 图 17-10
嵌贝放牧包（刘杰 手绘）

如今，酥油桶已经在许多人家消失了踪影，似乎是忽然就消失了，如果有，要么作为家族记忆的保存，要么作为房间的陈列装饰，要么在市场的旧货店里。酥油桶没有了，甚至牧区农区，也难以见到。但是，藏族人不能离开酥油茶，代之以电动搅拌器打茶。

牦牛脖套响铃

牦牛毛编织的脖套上坠挂着一个硕大的铃铛，这就是牦牛脖套响铃。铃铛多数铁制。铁铃铛发出声音，闷响，有空寂之感。响铃作用主要是传递讯息，以便主人随时掌握牲畜的劳作活动情况，也有避邪和装饰意思。

嵌贝放牧包

嵌贝放牧包在牧区比较多见，放牧时用它装糌粑和盐，糌粑和盐用于召唤牲畜。

这件嵌贝放牧包通体以牦牛皮缝制，包盖的一面密密麻麻遍布缝缀数十枚海洋贝壳。我见过西藏农牧区女人将海螺壳佩戴在手腕。她们小时候佩戴上这样的腕饰，随着年龄长大，海螺壳腕饰就摘不下来了，除非把它敲碎。西藏远离海洋，物以稀为贵，对海洋生物有机宝石极为珍爱，再者，贝类也是财富象征，是早先的货币。在放牧包上缝缀小贝壳，这是寄希望通过劳动获得更多财富。

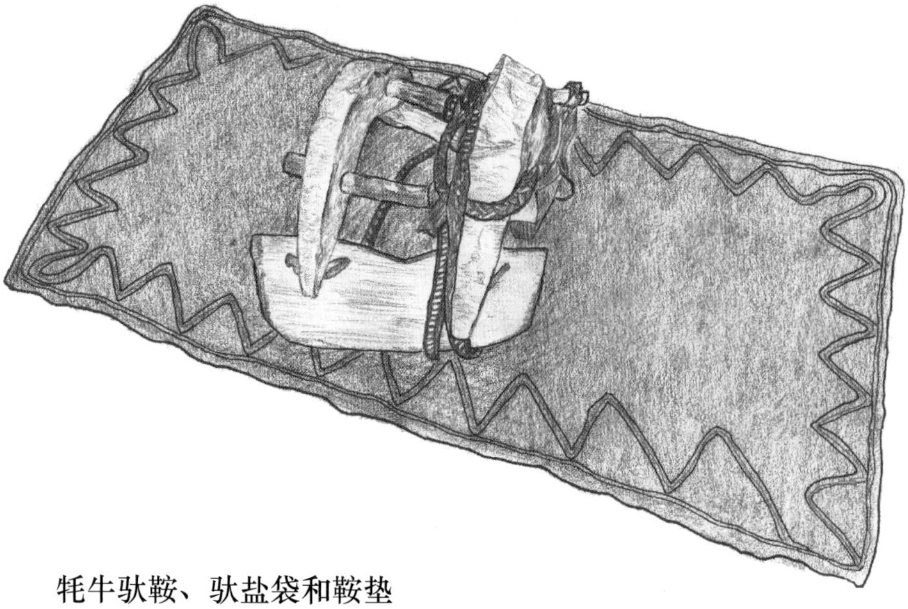

◁图 17-11

牦牛驮鞍（刘杰 手绘）

牦牛驮鞍、驮盐袋和鞍垫

在没有公路交通汽车火车的年月，高原人的长途运输工具只有牦牛。庞大的牦牛驮队到盐湖驮盐，到农区驮粮，动辄就是几千千米。牦牛驮鞍为木制，它同马鞍的区别在于它并非用于坐骑，乍看就是一副鞍状的木头架子。驮盐袋多为牦牛毛编织，非常普遍。

吾尔多

吾尔多，即抛石绳，它是牧人用来驱赶牛羊或攻击野兽的不可或缺的生产劳动工具和防身武器。吾尔多以羊毛和牦牛绒毛编织而成。也有用牦牛毛编织，质地粗糙。吾尔多的绳索和石兜图案，一般双色

◁图 17-12

吾尔多（刘杰 手绘）

泉眼菱形，其简洁与藏毯等其他编织物图案近似。抛石绳以抛物线的力学原理，将石头置于石兜中画圈甩动数下，松开一根绳索，将石头抛向远处，最远可达百米。

据说从公元7世纪吐蕃时期以来，藏地牧人广泛使用吾尔多放牧、驱赶野兽、攻击敌人。

牛皮船

制作牛皮船，首先除去皮子上的毛和肉，泡在水里一个星期。再由六个人缝制一天。牛皮缝合接口涂以牛脂。还要专门请来木匠做一天龙骨。船体龙骨主要用当地柳木制作。牛皮蒙于船体，晾干后，自然紧绷在龙骨上。牛皮船小的可乘三五人，大的最多可承载10人或11人，并可载货。

通公路之前，牛皮船是重要的交通和运输工具。牛皮船的分量轻，老人也能很轻松地将它背起来。牛皮船在每次下水回来后，都需要晾干，否则牛皮就会因浸泡过久而松弛。

Δ 图17-13　牦牛皮船
西藏牦牛博物馆展

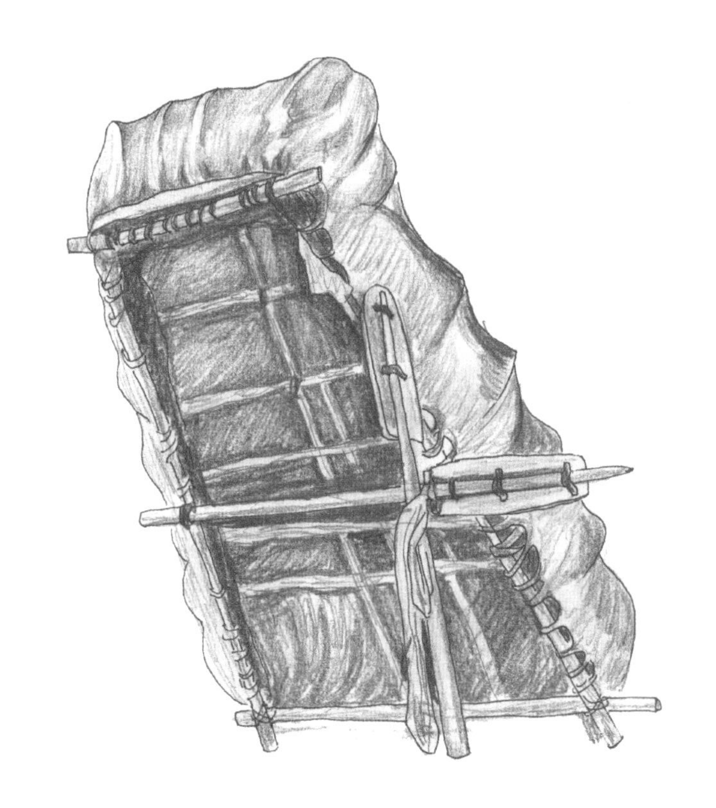

▷ 图17-14　牛皮船
（刘杰 手绘）

皮质碗套

藏族人家，传统多使用牛皮盘、皮胎碗，更多的器皿是木制，木盘木碗木盒。厨房器皿多见石质，石锅石盆。殷实人家，多用铜制锅碗瓢盆。除非达官贵人和寺庙高僧，普通人家日常不会使用很多的瓷器，或者说，瓷器在藏地受到十分珍爱。到今天，藏人对精美瓷器依旧有着浓厚兴趣。

藏人对瓷器的珍爱体现在什么地方？就体现于皮质碗套，还有牛毛碗套，避免瓷器的损坏。皮质碗套有单件套，也有连缀三件套，用牦牛皮抛光缝制。牛毛碗套一般都是单件套，以牦牛毛编织缝合。

我还见过一种剪铁工艺镂空鎏金的铁制碗套，套内衬着牦牛毛编织，极其精美。碗套最多见的，还是皮质。

◁图 17-15
牦牛皮碗套
西藏牦牛博物馆藏，国家三级文物

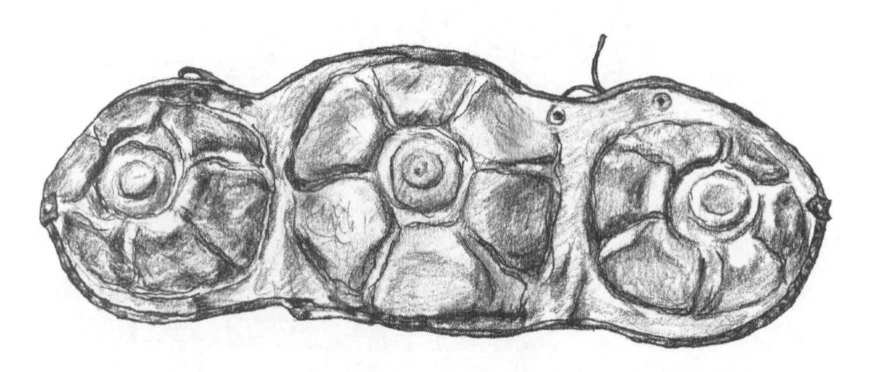

◁图 17-16
皮质碗套（刘杰 手绘）

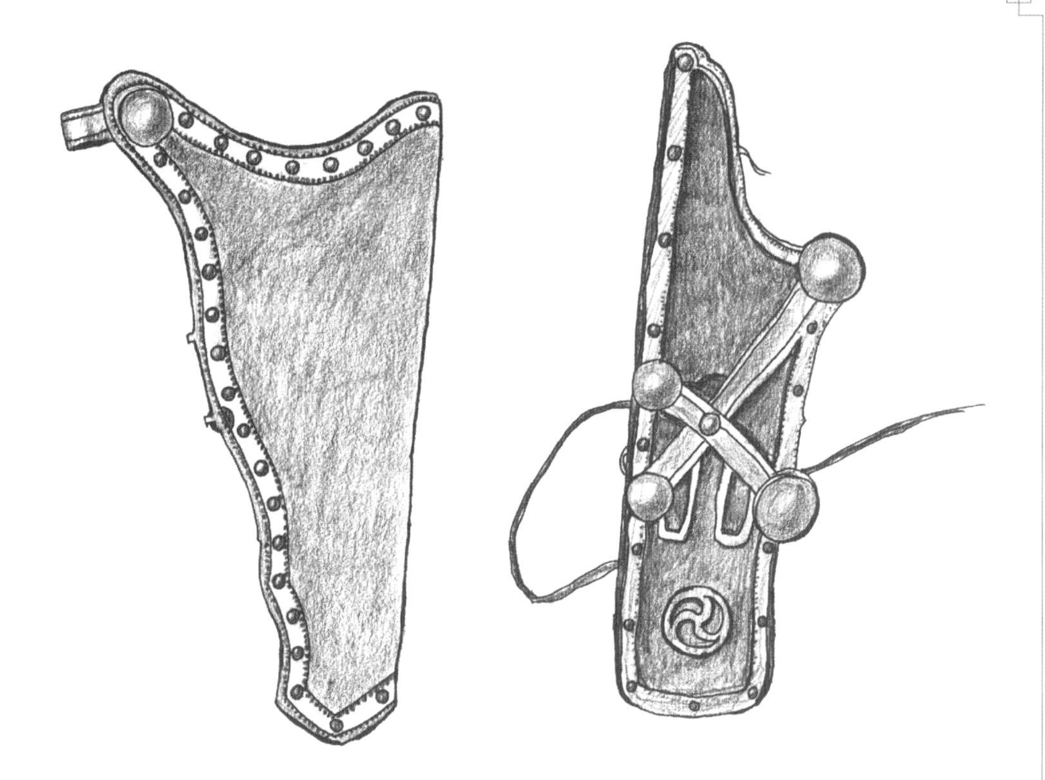

⊳图 17-17
皮质箭囊与弓袋
（刘杰 手绘）

皮质箭囊与弓袋

箭囊与弓袋主要还是作战武器。西藏的箭囊弓袋等战争用具，多为吐蕃瓦解之后“分治时期”的遗留。有战乱，才有精良的武器。在西藏，皮质箭囊和皮质弓袋多以铜或铁作为装饰，其工艺涉及剪铁、镂空、错金、错银、鎏金、缝合铁泡铜泡和宝石镶嵌，华丽富贵。皮革工艺涉及轧花、贴花。

皮质天珠

藏语称天珠为“斯”，人们对天珠的热情有宗教信仰成分，更多则是驱邪避灾的吉祥祈求，也有理财目的。

我们今天所见古老天珠，大多约为唐五代时期的人工制品。基本都是西亚两河流域和伊朗、阿富汗的产物。以天然玛瑙裁切磨制成或长或短，或圆或方的珠子，以矿物颜料有厚有薄涂染描画，然后置于火中焙烤，在珠子上锈蚀形成各样方圆山水图案。

Δ 图 17-18　皮质天珠（刘杰 手绘）

西藏民族一向流行民间信奉，任何精美古老稀缺之物，都有可能被赋予神性。在西藏，佛教信徒的神圣之物念珠上会拴系着挖耳勺和拔胡须的镊子，一是方便不时之需，重要的是，那挖耳勺和镊子因为老旧而被赋予了神圣性，成了“天铁”。

冷兵器时代的吐蕃无比强大，不断向四周扩张。马背上的人对异族文化的珠宝也十分感兴趣。所以，与其说天珠跟藏民族的民间信奉以至佛教有什么关联，倒不如强调天珠与西藏久远以前跟周边世界的密切联系。从一颗小小天珠，可以看到西藏民族曾经四通八达的交流、扩张和包容。

皮质天珠，以牦牛皮轧制黏合雕制而成，现在十分罕见，殊为珍贵。

皮质手持转经筒

转经筒，也称转经轮，或嘛呢轮。有大有小，小到手持摇转，大到数人推动。转经筒里面装藏经文。佛教徒按照顺时针方向使之转动，转动一圈，相当于念诵一遍转经筒里面的经文，功德无量。

这件手持转经筒的经筒部分，以牦牛皮革包裹缝合，非常具有地域特点。转经筒上坠挂的连索，可以加速手摇经筒的旋转。

▲图 17-19
皮质手持转经筒
（刘杰 手绘）

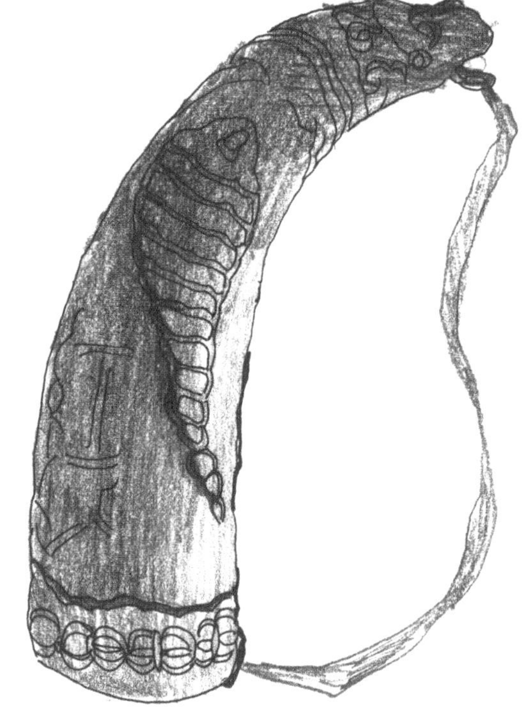

▲图 17-20
牛角毒咒器
（刘杰 手绘）

牛角毒咒器

这是一件用牦牛角雕刻制作的宗教法器，口沿有金属镶嵌。在本教和佛教密宗里，多用它装烈性“毒咒粉”，僧人念诵咒语驱邪降魔。毒咒器的雕刻画面多为异兽毒虫，令人惧怕。这件法器通体雕刻有塔、蛇、蝎子、龟、蛙、摩羯鱼等，底圈雕刻一周金刚杵，令人望之肃穆生畏。

牛角鼻烟壶

鼻烟壶不是陌生东西。藏地鼻烟壶多以牦牛角打磨雕刻，口部和底部均有包银包铜嵌饰，并且在铜箔银箔上施以錾花工艺。现在到农牧区，还是遇见不少人吸鼻烟。

Δ 图 17-21　牛角鼻烟壶（刘杰 手绘）

牛毛盾牌

盾牌的材质、形状多种多样。今天所用都是金属或化学的合成材料。古代盾牌有金属，有藤编，也有皮革。这件盾牌用牦牛毛捻线编成，十分轻便，结实耐用。如果在作战中遇到雨水浸泡，盾牌的牛毛质地即刻收紧，更加坚不可摧。盾牌中间有摩尼宝图案，图案周围是色彩绚烂的海浪纹，有凌乱效果，以迷幻对手。这是一件难得的藏品，据专家初步考证，时间距今1300年左右。

Δ 图 17-22　牛毛盾牌（刘杰 手绘）

鱼鳞铠甲

西藏古代铠甲有用牦牛皮绳连缀的铁片鱼鳞甲，有铁制锁子甲，有铁制乳丁甲和牦牛皮甲，大多遗存都是战乱频仍“分治时期”的产物。鱼鳞甲胄的使用最为普遍，据史料记载，吐蕃止贡赞普时期就研制出来了。

这件甲胄用牛皮绳缀连铁片于牦牛皮上，既柔韧，又具备润滑效果。铁片系合金，非常坚硬，不易折断。藏族人多以古代残甲小铁片充当缝纫时的拉线工具，可见其不易断损。民间信仰也多用这小铁片作为避邪防灾的护身符，将它拴系于腰间，称之为“米加”，认为九个孔眼是最上品，特有功效。

▷图 17-23

鱼鳞铠甲（刘杰 手绘）

今人多把这“小铁片”作为车挂包坠腰佩胸饰，目的还是在于避邪。这铁片之所以数百年完好如初保存下来，有气候干燥原因，有合金质地优良原因，但是其中最突出的一个原因，就是铁片连缀在牦牛皮上，并以牦牛皮绳拴系，牛皮油脂慢慢渗透，起到防腐防锈作用。

纺线锤

在西藏，走在乡间牧场山道村路，迎面一个妇女背负着小山般的柴草，她的头和肩完全被柴草覆盖遮蔽。柴草之下露出一双劳作的大手，手上垂吊着飞快旋转的纺线锤。

在牧场，远远的坡地上站立一位老者，他注视着远道而来的陌生人，手中纺线锤不停地旋转。放牧的人跟在牛羊后面，手里也要提着纺线锤。纺线，不是一件专注的劳动，只要腾出双手，可以随时随地纺线。粗线可以这样做，牦牛绒线也可以这样做。

这是一件在西藏农牧区多见的手捻纺线锤。村民闲时，无论男女老少，许多人的手中都会提着纺线锤，将牦牛绒捻成供编织用的细线。

当他们放下劳作的时候，右手又摇起转经筒，另一只手里掐着念珠。我觉得藏人的手总不闲着，总要拿起持有一件东西，如同许多佛造像，那么多条手臂，每一只手中都持有法器、经书、弓箭、刀戟。

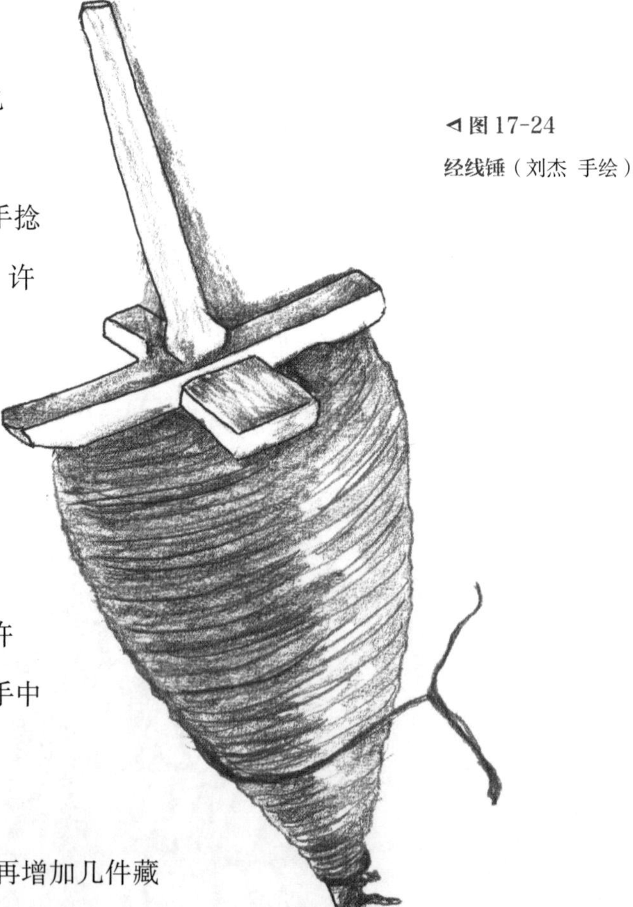

◁图 17-24
经线锤（刘杰 手绘）

在龙冬的藏品介绍之后，笔者再增加几件藏品介绍。

▷ 图 17-25　**金质野牦牛**
西藏牦牛博物馆藏，国家一级文物

金质野牦牛

此件金质野牦牛原出土于新疆若羌。若羌，可能是藏语的音译，若，意为牦牛；羌，意为北方。若羌与西藏阿里地区地理位置相近，气候条件相似，也曾是牦牛养殖地。此件藏品为锤叠法制成，只有拇指大小，造型极为精细，栩栩如生，创作者应对野牦牛十分熟悉。据专家分析，此件金质野牦牛应为古代军官之冠饰，年代为汉代，距今有 2000 多年。经文物研究部门鉴定，为国家一级文物。

彩绘牦牛哈达

彩绘牦牛哈达，用矿物颜料绘制将牦牛绘制在丝质哈达之上，所绘牦牛欢快奔腾，飞翔起舞，喜庆吉祥，画风又颇似古代卡通，来源于日喀则市萨迦地区，应为寺庙护法殿用品，取牦牛镇邪护法之意。经文物研究部门鉴定，应为清代作品，为国家二级文物。

▽ 图 17-26　**彩绘牦牛哈达**
西藏牦牛博物馆藏，国家二级文物

牦牛铜镜

牦牛铜镜，即在铜镜上刻有牦牛。据四川大学考古系原主任李永宪教授分析，带柄铜镜多见于游牧部族（农耕地区的铜镜多为挂式），此枚铁柄铜镜应为西藏本土制造，经四川大学考古系进行金属检测，与曲贡遗址考古发掘的另一枚相似度极高，应为同一年代作品，曲贡遗址被认为是距今3500—3700年左右。铜镜所饰牦牛为点凿法，造型准确生动，具有重要历史价值和艺术价值。目前尚未定级，应为高等级文物。

△图17-27　牦牛铜镜
西藏牦牛博物馆藏

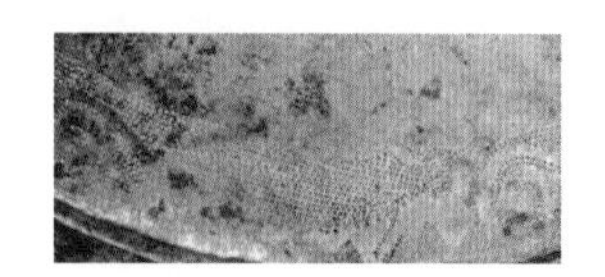

△图17-28
铜镜上的牦牛图案

黄蜡石牦牛

黄蜡石牦牛，是一件远古石雕作品，画风古拙，线条简洁，更像是非职业艺人或者干脆就是牧人所作，来自古称苏毗的藏北，可能是与4000年前齐家文化同期的作品。为友人捐赠。尚未定级。

◁图17-29
黄蜡石雕牦牛
西藏牦牛博物馆藏

Δ 图 17-30　牦牛银盆

西藏牦牛博物馆藏

牦牛银盆

一个银盆，刻有多个图案，其中之一是负重的牦牛，距今约 800 年，为宋代作品。图案线条清晰，为写实风格。应为官府或寺庙用具，非民间用品。经文物研究部门鉴定为国家二级文物。

牦牛挂幛

牦牛挂幛为寺庙密宗修持室所挂，类似于唐卡，但并非唐卡，其中绘有班达拉姆等图案，下部为一群牦牛，写实风格，强悍生动。经文物研究部门鉴定为国家二级文物。

Δ 图 17-31　牦牛挂幛

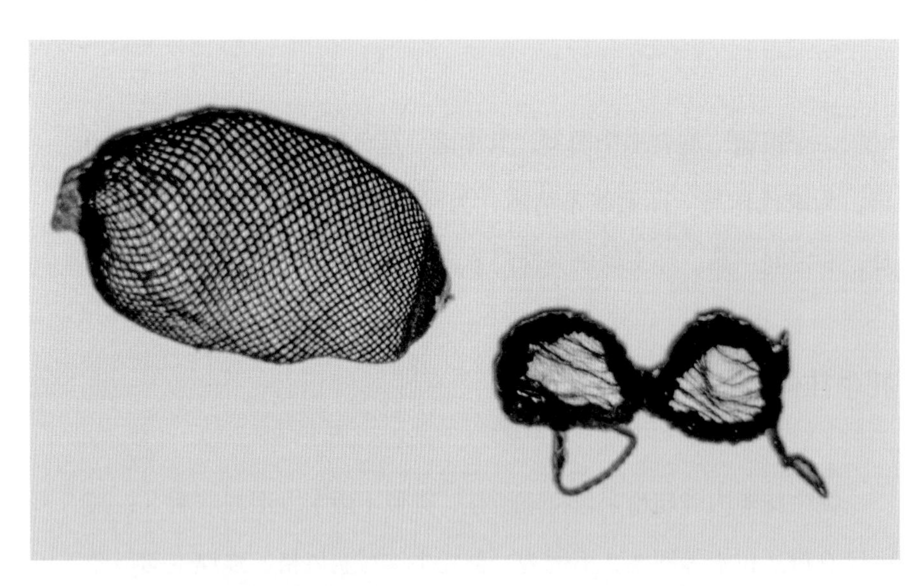

Δ 图 17-32　用牦牛毛编织的眼罩

被称为“原始墨镜”，防雪盲用，西藏牦牛博物馆藏

第十八章
牦牛永生在雪域

几千年来，牦牛与高原人民相伴相随，牦牛的被驯化、被役使、被广泛利用，以及它的被产业化、精神化、艺术化，是人类文明进程宏伟篇章中的一个独特的传奇故事，代表着人类对大自然的认识、利用、互动与融合。

的确，作为畜牧业生产，牦牛最后还是要被宰杀取肉、以肉兑币的。牧人以牦牛肉为主要食物，高原上的僧人也并不忌讳吃肉，这是牦牛的宿命，也是牧人的宿命。在牧区，往往会用“生产性淘汰”这种略为委婉的表述，来取代“宰杀”这个词。

在高原牧区，很多牧人为了尊重那些曾经为自己家庭或家族做出过特殊贡献、有着特殊经历的牦牛，也因为某种宗教心理，不忍心宰杀，选择为一些牦牛放生。

放生，就是给一些牦牛系上特殊标记，如缝上经幡，烙上印记，此后，无论主人或是他人，都不能再宰杀。但放生的牦牛并不是简单的放归大自然，很多被放生的牦牛仍然由原来的主人看管、放牧，为它养老送终，直到它自然死亡，也不食用它的肉身。

2012 年 6 月，即藏历四月，萨嘎达瓦节期间，西藏博物馆研究员娘吉加先生带领西藏牦牛博物馆筹备办调查组，前往珠穆朗玛峰下的绒布寺，参加并记录了这个寺庙举办的一项给牦牛放生的仪式：《牦牛礼赞》。

Δ 图 18-1　每年藏历四月十七日，珠峰脚下的绒布寺举行牦牛放生仪式

这是一场庄重的仪式，这是一曲震撼的颂歌。

调查组进行了全程影像和文字记录，其文字并由娘吉加先生反复校勘，第一次译成了汉文。后来，这项仪式成为西藏自治区的非物质文化遗产。

这项为牦牛放生举办的仪式起源于公元15世纪，由绒布寺扎珠·阿旺单增罗布上师首创。每年藏历四月十七日时，都有演说《牦牛礼赞》的传统仪轨，绒布寺的萨嘎达瓦节的其他活动都是由僧人主持，唯有《牦牛礼赞》是由俗人（养牦牛的人）主持。由于历史原因曾有中断，又在1994年得以恢复。现在演说《牦牛礼赞》的，是定日县札西宗乡且宗村、年龄49岁的村民索南丹达，他是从曼卓赛达热村69岁的多杰老人那里学得的。多杰老人以口传和书面的形式毫无保留地传授于索南丹达。

在赞颂牦牛的准备阶段，首先要调集40多头放生牦牛，再从中挑选各具特征的7头牦牛，分别取名为：面部和四肢毛色是白色者称为“凯巴”，体毛黑色、花脸、面部形似蛙者称为“花色蛙眼”，还有“黑色”“淡蓝”“黑头”“敦波”和“褐色”。其中，黑牦牛供奉四面玛哈噶拉，褐色牦牛供奉尸托林天母，敦波牦牛供奉斯热，白色牦牛供奉祥寿天女四位护法神等。准备齐整后，先在牦牛腰椎上面用线缝上不同色质和写有不同咒文内容的经幡，其次，由赞诵主持人一边唱着《牦牛礼赞》，一边在牦牛身上用朱砂画画，并在牦牛角头、角腰、角尖、额头、眼部、耳部、鼻梁等部位涂抹酥油，最后，给牦牛喂食糌粑、酒等，在“咯咯嗦嗦”声中一同圆满结束《牦牛礼赞》。依照先前的风俗，除供奉四位护法神外，还有供献“黄脸牦牛”为总持咒的传统，该牦牛必须是黄色脸面、黑色身体、黄口、白色额头，但是，由于放生的原因，可以供献为总持咒的黄脸牦牛都被野狼等杀害，目前已经不存在为诸神供献总持咒所需要的牦牛。

以下是传承了600多年的《牦牛礼赞》的文字：

世尊言教赞颂无尽英武雄健

制伏魔军成就盛事如护幼子

▽ 图 18-2　非遗传承人、牧民索南丹达主持此项仪式

图 18-3　用野牦牛头垒起的玛尼堆

青海曲麻莱县

守护佛法四项事业有所作为

请示护法会众赐予圆满吉祥

在此，诸路护法神都愿意依持牦牛，由此，护法神都各自找寻体色一致、面容俊美、体格健壮硕大的牦牛，再以饰品、朱砂等各种齐全的装饰器物展示盛装牦牛。就此，首先，供奉战神，并向各位天神奉献丰富供品，再以煨桑焚香净化牦牛，沐浴净身，在正式装饰时，向牦牛脊背供撒粮食颗粒，同时，口中念诵：

嗦嗦！今天上天星辰闪烁，大地阳光温暖，在此良辰吉日，圆满之时，向智慧怙主黑色体相供献饰品，请接纳饰品，坚持念咒，各位坐骑体色，从百群中找见，在千群中挽回，使之头部棱角端正，面部目光炯炯，口中利齿齐整，背部毛色油亮，腹部乳汁充盈，祈愿演讲“五部充实之畜咒装饰”！

之后，将第一类饰品戴在右耳和左耳上，并在项背、尾巴部位都涂抹朱砂，同时，口中念诵：

获得！获得！昭示福运如山，堆积利禄，丰富如海充溢，招来各种骏马良驹，得来各种洁白绵羊，招得山羊都来咩咩，得到黄草遍地牦牛，获得印度黄金，又得康区白银，得来北方食盐。

获得！获得！招福利禄，犹如植物繁茂，打击！打击！美妙右旋螺角，冲动之敌作祟，邪魔居高位，不喜处低位，欣喜打击，各种口似乳汁温柔，心比棘刺锐利者，尤其蛊惑妖鬼，打击一切诅咒灾祸，毒咒冤仇放咒祸害，美妙左旋螺角，不侵扰，不侵扰，不骚扰任何牛群，不侵入任何羊圈，不伤害人寿，不污染饮食精华，不污染衣服色彩，不侵扰各位家人邻居喜爱之人，不干扰佛法言教，不伤害至尊威德，不干涉善士僧众，在右手，右手上首是人之宝库，宝库之上源源相续，右手中部是资财宝库，宝库之上源远流长，右手下部是畜牧宝库，宝库之上繁衍生息，从三处宝库门口，护持救护人寿，保护饮食精华，保持衣服色彩，以金、银、铜三处出口，守护用绿松石、珊瑚、珍珠、琥珀，护卫由箭、刀、矛三处守护，容颜青春永驻，吉祥美妙恒常，事业成就稳固，财运富足永在，右旋螺角常在，制伏冲动之敌，而常胜角中心不致碎裂，而坚固角尖精良而坚硬，保护仁慈亲友，而常健口福，常在顺利圆满，肌肉发达，肉香常在，眼睛常明，视觉清晰常明，耳顺常悦听觉灵敏永聪，后颈窝坚固，后颈窝为父兄亲和而永固，颈项健壮颈项不致落入敌手，而常固鬃毛油亮，鬃毛被胜神拽拉而常胜，脊背健硕脊椎比流水，伸长而常，健尾部坚挺，先期向上，增长而稳固，畜圈牢固，圈内羊群繁盛而永固肩胛健壮，肩胛为积累财富而健实，肩部稳健，肩部为人财部众能胜而稳健，心意淡定，心意安乐而淡定，脐部硬实，脐部不变而硬实，足跟稳健，各种地煞龙妖、诸位天神会众能齐聚大地之下而永驻，四蹄能战胜四敌而稳健！

就此，在念诵咒语圆满后，人站立在牦牛左边念诵祈愿词：

此畜咒从毛色开始祈祷，从百群中找见，在千群中挽回，五部充实，此畜咒乘骑时，骑速未有比之更快者，站立时站姿处未有比之更险峻者，为了无人死亡而施咒，祝愿施咒之下不致人死亡！为了无箭断裂而立靶，祝愿靶心之下不致箭断裂！在右眼之下降伏宿敌，在左眼之下看护仁慈亲友，君王世系犹如兴盛一样世代繁衍嗦嗦！

之后，为先行者献给丰厚酬谢，让后来人享用精美酒席，再将畜

◁图 18-4　珠峰牦牛

咒置入中央，全体人围绕着呼唤“愿天神得胜！”同时，撒施糌粑，作吉祥祝愿，之后，执行仪轨团体有进行祈愿招财引福的传统，在全部仪轨圆满结束后，将七头牦牛从寺院大殿走廊廊厅放出寺外，与其他牦牛一道走向草场。

放生仪式结束，人们走出绒布寺，珠穆朗玛峰顶白雪皑皑，山腰彩云缭绕，天空一片湛蓝，被放生的牦牛披着彩色的经幡，自由欢快地悠游在这世界海拔最高的牧场，牧人们看着这情景，心里有一种轻松和宽慰——这些牦牛曾经像是他们的家人，虽然它们没有语言，虽然被放生的牦牛只有很少几头，仅仅作为一种象征，但表达了牧人们对牦牛劳苦一生的尊重，表达了牧人们对于自己既往历史和文化的尊重，同时也是对于自己的劳动和创造的尊重……

看着这些与高原人民相伴相随了几千年的牦牛，相信这些高原的精灵，只要珠峰没有塌陷，高原没有夷平，牦牛就一定会在这里永生……